高等院校程序设计
新形态精品系列

省级精品在线开放课程
"**程序设计基础**"配套教材

C Programming Language

C语言
程序设计基础
|编程指导版|

吴劲 ● 主编　傅翀　程红蓉 ● 副主编

U0276556

人民邮电出版社
北　京

图书在版编目（CIP）数据

C语言程序设计基础：编程指导版 / 吴劲主编. --
北京：人民邮电出版社，2022.7
高等院校程序设计新形态精品系列
ISBN 978-7-115-58110-5

Ⅰ. ①C… Ⅱ. ①吴… Ⅲ. ①C语言－程序设计－高等
学校－教材 Ⅳ. ①TP312.8

中国版本图书馆CIP数据核字(2021)第245519号

内 容 提 要

本书面向程序设计零基础的读者，集理论知识、上机练习、在线学习于一体，并以 C 语言为载体，带领读者走进程序设计的大门。C 语言是具有低级语言特点的高级程序设计语言，它既可以用于编写底层驱动程序及系统软件，又可以用于编写上层应用软件。目前流行的程序设计语言都不同程度地带有 C 语言的"烙印"，因此，学好 C 语言再去学习其他程序设计语言，会收到事半功倍的效果。

编者编写本书的目的不是介绍 C 语言的语法细节，而是以 C 语言为载体来介绍程序设计的基本思想和方法，引导读者从程序设计的角度去理解软件和硬件是如何协同工作的，并帮助读者在实践中掌握构建软件的方法。本书前 11 章具体介绍程序设计的基础理论知识，且都有相应的慕课来辅助读者学习；第 12 章通过一个实际的 C 语言程序设计项目，帮助读者实现对全书基础理论知识的融会贯通。

本书可作为高等院校软件工程、计算机科学与技术等专业的入门教材，也可作为有志进入软件开发领域的社会人士的自学参考书。

- ◆ 主　　编　吴　劲
- 　　副 主 编　傅　翀　程红蓉
- 　　责任编辑　王　宣
- 　　责任印制　王　郁　陈　犇
- ◆ 人民邮电出版社出版发行　　北京市丰台区成寿寺路 11 号
- 　　邮编　100164　　电子邮件　315@ptpress.com.cn
- 　　网址　https://www.ptpress.com.cn
- 　　三河市兴达印务有限公司印刷
- ◆ 开本：787×1092　1/16
- 　　印张：14.25　　　　　　　　2022 年 7 月第 1 版
- 　　字数：339 千字　　　　　　2022 年 7 月河北第 1 次印刷

定价：59.80 元

读者服务热线：(010)81055256　印装质量热线：(010)81055316
反盗版热线：(010)81055315
广告经营许可证：京东市监广登字 20170147 号

我们已经步入"万物智能互联、软件定义世界"的时代。伴随着物联网的普及，计算资源、智能设备等都可以被软件定义，即在中心管控的基础上，实现功能与硬件的解耦。在这一大背景下，程序设计语言层出不穷、种类繁多。程序设计零基础的读者可能会面临应该先学哪种程序设计语言、从哪里入门的困惑，而 C 语言可谓零基础读者的不二选择。学习 C 语言要有系统观，要去思考为什么会有相关的语法规则，这些规则能解决哪些问题、不能解决哪些问题，怎样基于现有的规则构建新的软件系统。

本书回归程序设计本源，从理解软硬件协同工作原理的角度，引出程序设计的基本思想和方法。通过学习本书，读者能以 C 语言为载体，理解软件如何通过层层抽象，使上层的程序员不需要了解太多的计算机底层硬件的细节就能编写应用程序，进而培养自己在实践中解决问题（如在 C 语言程序设计过程中函数和指针的应用痛点与难点）的能力。

■ 本书特色

1．理论与实践相结合

面向"新工科"人才培养，编者不仅对程序设计的理论知识体系进行了合理化布局，使理论知识能够循序渐进地呈现在读者面前，而且在讲解理论知识的过程中融入了通俗易懂的案例，以帮助读者更好地理解并掌握理论知识。此外，在本书最后通过程序设计项目实践，将全书的理论知识融会贯通，以帮助读者"学练结合"，系统提升实战能力。

2．配套编程指导平台、程序设计机考系统及作业平台

为了更好地指导读者开展编程练习，本书编者团队开发了编程指导平台以供读者使用；搭建了用于服务教师的程序设计机考系统，以及面向师生的作业平台。读者可以通过扫描下方二维码来了解相关平台/系统的具体使用方法，也可以通过人邮教育社区（www.ryjiaoyu.com）获取相关平台/系统的链接与安装包。

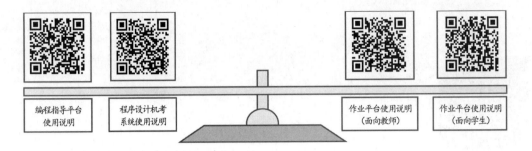

| 编程指导平台
使用说明 | 程序设计机考
系统使用说明 | 作业平台使用说明
（面向教师） | 作业平台使用说明
（面向学生） |

3．支持线上线下混合式教学

编者录制了"程序设计基础"慕课。读者可以通过"学堂在线"官网搜索本书主编姓名"吴劲"，找到对应的慕课进行观看学习。

4．精心打造立体化教辅资源

为了全方位服务一线教师开展教学工作，编者在完成本书编写工作的同时，精心打造了与本书相配套的多类教辅资源，如文本类（如 PPT、教学大纲、源代码、课后习题答案等，相关资源可通过人邮教育社区进行下载）、视频类、平台类等，以助力高校培养更多优秀人才。

■ 学时建议

本书共 12 章，授课教师可以按照模块化结构组织教学，同时可以根据所在学院安排给本课程的学时情况，对部分章节的内容进行灵活取舍。本书在"学时建议表"中给出了针对理论教学与实践教学的学时建议，供授课教师参考。

学时建议表

章序	章名	48 学时（方案 1）	64 学时（方案 2）
第 1 章	程序设计引论	3	4
第 2 章	C 语言入门	2	3
第 3 章	数据类型	5	6
第 4 章	运算符与表达式	6	8
第 5 章	选择	2	3
第 6 章	循环	6	7
第 7 章	数组	4	5
第 8 章	指针	4	5
第 9 章	函数	4	6
第 10 章	字符串	5	7
第 11 章	结构、联合和枚举	3	4
第 12 章	程序设计项目实践	4	6

■ 编者团队

本书编者均拥有博士学位和一年以上的英/美留学背景，并长期在电子科技大学从事教学与科研工作。吴劲任主编，主要负责第 1、2、7、8、9 章的编写工作，以及全书的通读与修订工作；傅翀和程红蓉任副主编，程红蓉负责第 3、4、5、6 章的编写工作，傅翀负责第 10、11、12 章的编写工作。

本书配套平台由电子科技大学周尔强老师指导开发。周尔强是国家建设高水平大学公派研究生项目首批公派留学生之一，获爱尔兰都柏林理工大学自然语言理解方向博士学位，并长期致力于利用人工智能技术赋能教与学。

■ 联系我们

鉴于编者水平有限，书中难免存在不妥之处。编者十分希望广大读者朋友和专家学者能够提出宝贵的修改意见与建议。编者电子邮箱：wj@uestc.edu.cn。

勤于思考，勇于实践。编者诚挚祝愿读者朋友能够凭借勤学的态度与务实的行动，学有所成，以拥抱更加美好的明天！

编　者
2021 年冬于成都

目录
Contents

第 3 章

数据类型

目录

第 12 章

程序设计项目
实践

第 1 章　程序设计引论

程序设计（programming）是为解决特定问题而编写程序的过程，是软件构造活动中的重要组成部分。若要掌握程序设计的方法，则必须了解计算机系统的基本工作原理，了解软件与硬件如何通过协同工作来满足特定用户的需求。本章将从对计算机系统的感性认识入手，引导读者初步理解计算机系统如何支撑程序设计的相关工作。

1.1　对计算机系统的感性认识

从操作系统设计者、程序员（programmer）和最终用户（end user）的角度来感性认识的计算机系统层次结构如图 1-1 所示，它由硬件和软件构成，二者通过协作来运行程序。

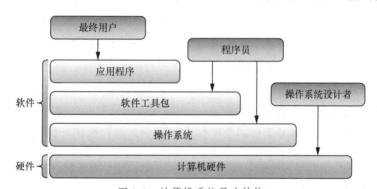

图 1-1　计算机系统层次结构

最底层的系统软件是操作系统（operating system），操作系统设计者依据特定硬件，用软件来完成管理与配置内存、决定系统资源供需的优先次序、控制输入输出设备、操作网络与管理文件系统等基本任务。操作系统"包裹"了底层硬件的细节。

程序员在操作系统和软件工具包的基础上开发应用程序，其中软件工具包的开发是基于特定的操作系统的，程序员可以调用操作系统和软件工具包提供的功能完成应用程序的开发。

最终用户使用程序员为特定任务编写的应用软件来完成相关任务。例如，用于聊天的微信、QQ 等应用软件都是由程序员编写的，使用这些应用软件的人就是最终用户，而使用编程语言为用户编写应用软件的人就是程序员。

对用户而言，计算机是一种在事先存入的程序的控制下，能够接收数据、存储数据、处理数据并显示处理结果的数字化智能电子设备，如图 1-2 所示。

图 1-2　计算机示意

冯·诺依曼计算机模型是现代计算机系统构建的基础，目前大多数计算机仍采用冯·诺依曼体系结构，即图 1-3 所示的以运算器为中心的计算机模型。后来该模型被改进为以存储器为中心，一部分存储器可以配合输入输出设备实现输入输出功能，另一部分存储器可以配合运算器实现运算功能，但改进后的模型未从根本上脱离冯·诺依曼体系结构。

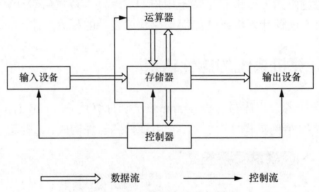

图 1-3　冯·诺依曼计算机模型

典型的计算机硬件系统模型如图 1-4 所示。在计算机中，将从输入设备（例如磁盘）中读取的程序和数据暂时存储到主存储器（main memory）上，使用中央处理器（central processing unit，CPU）提取出主存储器中程序的指令，解释指令并执行。

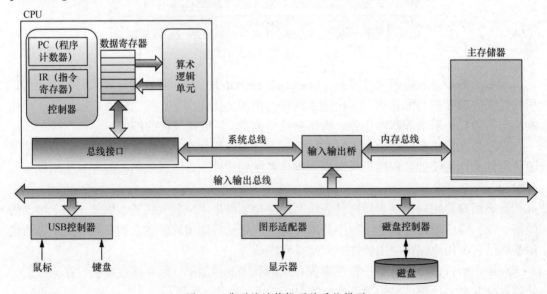

图 1-4　典型的计算机硬件系统模型

但是计算机能直接理解的只有机器语言，本节所说的指令就是用 0 和 1 的二进制数来描述的机器语言指令。那么，从输入设备中读取的程序和数据，是如何存储到主存储器上的呢？下面以图 1-4 所示的典型的计算机硬件系统模型为例进行说明。

1.1.1　主存储器

主存储器，也叫内存储器（简称内存），是计算机硬件的一个重要部件，其作用是存储指令和数据，并能由 CPU 直接随机存取。主存储器是存储单元的集合，每一个存储单元都有唯一的标识，称为地址。每个存储单元占 8 个比特（bit），称为 1 个字节（byte）。每个字节空间都通过地址（address）来定位，表示主存储器上存储位置的识别号码，如图 1-5 所示。地址从 0 开始编号，左边的十进制数字就是各个存储单元的地址，右边是字节空间内存储的二进制数字。

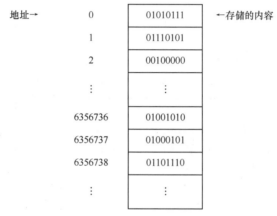

图 1-5　主存储器地址与存储的内容

存储器主要有两种类型：RAM（random access memory，随机存储器）和 ROM（read-only memory，只读存储器）。ROM 的内容由制造商写入，用户只能读不能写，ROM 存储开机时运行的程序，断电后内容也不会消失。

RAM 是构成主存储器的主要部分，其内容可以根据需要随时按地址读出或写入，以某种电触发器的状态进行存储，断电后信息无法保存，用于暂存数据。RAM 又可分为 DRAM（dynamic random access memory，动态随机存储器）和 SRAM（static random access memory，静态随机存储器）两种。

DRAM 保存数据的时间很短，速度也比 SRAM 慢，但价格比 SRAM 便宜很多，主存储器一般使用 DRAM。

高速缓冲存储器（cache memory），简称高速缓存，是为了消除高速的 CPU 与主存储器之间的速度差，而放置在 CPU 与主存储器之间的缓冲存储器。因为对高速缓存有速度要求，所以，存储元件使用的是 SRAM。高速缓存的工作原理是，把从主存储器中读取的数据暂时保存在高速缓存中，当 CPU 需要读取同一数据时，直接访问高速缓存即可。由此可以实现高速的数据传送。通过利用高速缓存，CPU 的等待时间减少，而且访问主存储器的时间也明显缩短，CPU 的效率得到显著提高。

当前的计算机上搭载多个高速缓存，如主高速缓存、二级缓存等，它们有不同的级别。搭载在 CPU 内的是主高速缓存（也叫内部高速缓存）；而独立于 CPU，搭载在外部的缓存是二级缓存（也叫外部高速缓存）。因此，CPU 的访问顺序也有所不同。CPU 最先访问主高速缓存，如果主高速缓存里没有目标数据，就会去访问二级缓存；如果二级缓存里也没有目标数据，就会去访问主存储器。图 1-6 展示了缓存技术。

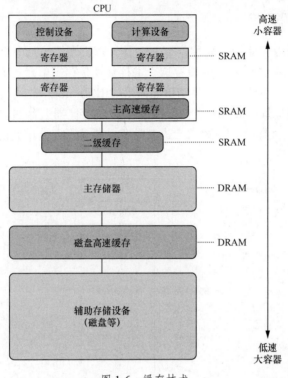

图 1-6　缓存技术

缓存技术不只应用于 CPU 和主存储器之间，为了解决不同硬件设备之间的数据访问速度差距较大的问题，也会用到缓存技术。如图 1-6 所示，主存储器和辅助存储设备之间的磁盘高速缓存，就是因为磁盘存取速度太慢而增加的。

1.1.2　中央处理器

中央处理器（CPU），简称处理器，主要包括算术逻辑单元（arithmetic and logic unit，ALU）、寄存器组（registers）和控制器。

1．算术逻辑单元

算术逻辑单元负责对数据进行逻辑运算、移位运算和算法运算。

2．寄存器组

在过去，计算机只有几个数据寄存器用来存储输入数据和运算结果。现在，越来越多的复杂运算由硬件实现，在 CPU 中使用几十个寄存器来提高运算速度。

3．控制器

控制器由程序计数器（program counter，PC）、指令寄存器（instruction register，IR）、指令译码器、时序产生器和操作控制器组成，其基本功能是从内存中提取指令、分析指令和执行指令。其中，指令寄存器存储从内存中逐条取出的指令；程序计数器保存指令的地址。

一般计算机中指令的运行顺序如图 1-7 所示。另外，运行 CPU 指令的时候，将存储在主存储器上的指令和数据提取出来的行为被称作提取（fetch）。

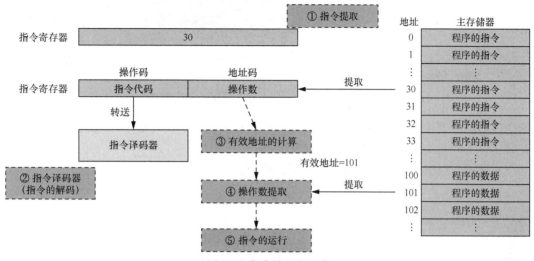

图 1-7　指令的运行顺序

① 指令提取（读取指令）：指令寄存器把存储在图 1-7 所示地址上的指令从主存储器中提取出来，发送到指令寄存器上。

② 指令译码器（指令的解码）：在指令译码器上，解读从指令寄存器上发送来的操作码的指令代码，生成与指令相对应的控制信号。

③ 有效地址的计算：在地址码的操作数表示主存储器地址的时候，正确计算存储数据位于主存储器上的地址。具体来讲，就是对于表示操作数的主存储器的地址，按照指令所指示的地址指定方式，来计算有效地址（实际地址）。

④ 操作数提取（数据的读取）：从主存储器中取出步骤③中所求得的存储在有效地址上的数据，发送到指令寄存器上。

⑤ 指令的运行：指令译码器按照生成的控制信号运行指令，写入运算结果。

1.1.3　寻址方式

在计算有效地址的时候，对于在指令的地址码中所指定的主存储器地址（操作数地址），按指令执行特定的操作，这个操作就叫作寻址。另外，通过操作数地址求有效地址的时候所用的方法叫作寻址方式，寻址方式包括以下几种。

1. 直接寻址

直接寻址是地址码中的值直接变为有效地址进行寻址的方式。操作数地址就是实际数据所在的地址，不需要进行地址变换。如图 1-8 所示，在这种情况下作为处理对象的数据被存储在有效地址 100 里，数据值是 103。

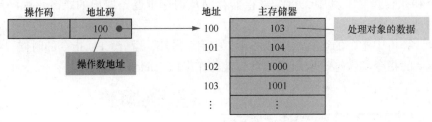

图 1-8　直接寻址

2．间接寻址

间接寻址是指地址码中的值是间接地址，该地址里面存放的是实际数据所在的地址，需要进行地址变换，才能找到实际需要的数据。此种方式不是在指令的地址码中直接指定有效地址，而是经由主存储器进一步寻址的间接方式。如图 1-9 所示，在这种情况中作为处理对象的数据被存储在有效地址 103 里，数据值 1001 才是实际需要的数据。

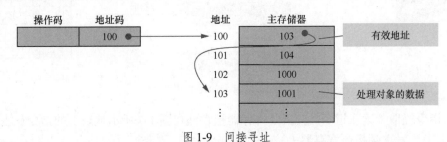

图 1-9　间接寻址

3．立即寻址

立即寻址是让操作数地址的值存放的就是实际使用的运算对象数据的寻址方式。在立即寻址方式中，操作数地址的值直接按照原样作为数据使用，所以指令读出以后不会再访问主存储器内的数据。如图 1-10 所示，这种情况中作为处理对象的数据就是操作数地址 100。

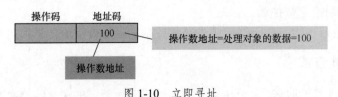

图 1-10　立即寻址

4．变址寻址（索引地址或指示地址寻址）

变址寻址是将操作数地址和变址寄存器（索引寄存器）的值加起来，让结果成为有效地址的寻址方式。这种方式在需要按顺序访问排列的连续地址空间的时候使用。如图 1-11 所示，在这种情况中，设定排列在最前面的地址（100）为地址常数，根据索引寄存器 1～19 的变化，可以连续访问排列在 Data[0]～Data[19]的空间区域。

了解计算机的寻址方式，对理解 C 语言的数组和指针的应用会很有帮助。

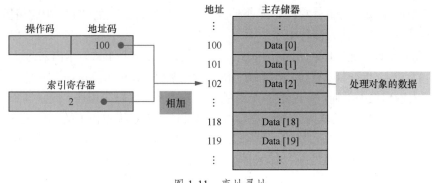

图 1-11 变址寻址

1.1.4　系统总线

总线（bus）是计算机各功能部件之间传送信息的公共通信干线，它是由导线组成的传输线束。按照计算机所传输的信息种类，计算机的总线可以分为数据总线、地址总线和控制总线，分别用来传输数据、数据地址和控制信号等。

1．数据总线

数据总线由多根线组成，每根线一次传送 1 位的数据，线的数量决定计算机的**字**的大小。例如，计算机的字是 32 位（4 个字节），需要 32 根数据总线；字是 64 位（8 个字节），需要 64 根数据总线。

2．地址总线

地址总线的数量决定最大有多少内存可以被访问。例如，有 32 根地址总线，可用的地址空间为 2^{32}B，即最多可以访问 4GB 内存空间；有 48 根地址总线，可用的地址空间为 2^{48}B，即最多可以访问 256TB 内存空间。

3．控制总线

控制总线主要用来传送控制信号和时序信号。控制信号中，有的是由 CPU 送往存储器和输入输出设备接口电路的，比如读写信号、片选信号、中断响应信号等；有的是其他部件反馈给 CPU 的，比如中断申请信号、复位信号、总线请求信号、设备就绪信号等。因此，控制总线的传送方向由具体控制信号而定，一般是双向的，控制总线的位数要根据系统的实际控制需要而定。

1.1.5　输入输出设备

设备（device）本来是指"机器"和"装置"，但是也指计算机内部具有特定功能的电子部件。输入输出设备包括输入设备（input device）、输出设备（output device）、辅助存储设备等，通信设备也包含在其中。控制设备的软件就叫作设备驱动程序。

输入设备是向计算机输入数据和信息的设备，是计算机与用户或其他设备通信的桥梁，是用户和计算机系统之间进行信息交换的主要装置之一。输入设备的任务是把数据、指令等输送到计算机中去。键盘、鼠标、摄像头、扫描仪、光笔、手写输入板、游戏杆、语音输入装置等都属于输入设备，它们是人或外界与计算机进行交互的装置，用于把原始数据和处理这些数据的程序输入计算机中。

输出设备是把计算或处理的结果或中间结果以人能识别的各种形式表示出来的设备，常见的有显示器、打印机、绘图仪、影像输出系统、语音输出系统、磁记录设备等。

每个输入输出设备都通过一个控制器或适配器与输入输出总线相连。控制器和适配器的主要区别在于它们的封装方式。控制器是输入输出设备上或系统主板上的芯片组。适配器是插在主板插槽上的设备。它们的功能都是在输入输出总线和输入输出设备之间传递信息。

磁盘（magnetic disk）是常见的输入输出设备之一，是由铝合金等坚硬材料制成的并涂上多层磁记录介质的存储装置。在磁盘表面上，呈现为相邻同心圆的区域叫作磁道；而分割磁道的最小存储单位叫作扇区。另外，磁盘装置由多枚磁盘构成，我们把处于各磁盘相同位置上的磁道统一起来，称为柱面。磁盘结构示意如图 1-12 所示。

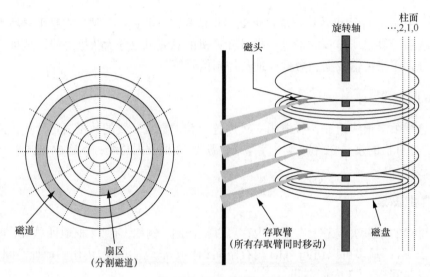

图 1-12　磁盘结构示意

1．输入输出接口

这里所说的输入输出接口是指，在与输入输出设备进行数据传输时的传输方式、传输速率、可接续台数、连接器形状等所组成的广义接口。

（1）USB

USB（universal serial bus，通用串行总线）是目前使用广泛的接口方式之一，采用串行数据传输方式，即只通过 1 条传输通道按位串行传输，其传输速率（单位为 bit/s）随着规格的扩展变得越来越快。USB 接口的具体信息如表 1-1 所示。

表 1-1　USB 接口的具体信息

模式	规格	传输速率	主要用途
Low Speed	USB 1.1	1.5Mbit/s	键盘、鼠标等
Full Speed	USB 1.1	12Mbit/s	打印机、扫描仪等
High Speed	USB 2.0	480Mbit/s	磁盘驱动器、USB 存储器、移动设备等
Super Speed	USB 3.0	5Gbit/s	HDD（hard disk drive，磁盘驱动器）、SSD（solid state disk，固态盘）等

如果使用 USB 集线器并将之扩展成树状，理论上最多能连接 127 台设备，并且支持 PC 启动后连接、断开设备的热插拔（hot plug）功能，以及通过传输数据的电缆使 PC 自身提供电源的总线电源（bus power）方式等。

（2）串行 ATA 接口

串行 ATA 接口（serial advanced technology attachment interface，SATA）是 PC 内置的 HDD 及光驱接口，以前采用并行传输（通过多个传输通道同时传输多位数据）的 ATA/ATAPI（ANSI 规格）虽被广泛使用过，但在并行传输中传输速率是有限制的，所以现在都替换为串行传输了，传输速率也已提高为 1.5Gbit/s、3Gbit/s、6Gbit/s（实际传输速率为 600MB/s）。

在 ATA/ATAPI 中，曾经是 1 根电缆连接主、从两台设备的形态，在串行 ATA 接口中，把设备与控制器一对一连接。电缆、连接器形状均和 ATA/ATAPI 相互兼容。用于服务器 HDD 连接的串行 SCSI（serial attached SCSI，SAS），则存在连接器兼容性问题，可以把串行 ATA 接口的设备直接连接到 SAS 上，反过来则不行。

2．输入输出控制方式

控制主存储器和输入输出设备之间的数据传输的输入输出控制方式，有以下几种类型。

（1）程序控制方式

程序控制方式是 CPU 根据程序直接控制输入输出设备的方式。

（2）DMA 方式

DMA（direct memory access，直接存储器访问）方式通过 DMA 控制器，在主存储器和外部设备之间直接进行数据传输，不经过 CPU。这种方式被广泛应用于 PC 中。

（3）通道控制方式

通道控制方式利用控制输入输出专用的处理器（通道，也叫作输入输出通道），使 CPU 和输入输出设备完全平行运行。CPU 通过输入输出命令来启动通道，然后通道根据通道程序来进行输入输出处理。通道处理器本身可看作一个简单的专用计算机，它有自己的指令系统，通道处理器能够独立执行用通道命令编写的输入输出控制程序，产生相应的控制信号控制设备的工作。

1.2 对程序的感性认识

计算机系统的整体组成如图 1-13 所示，硬件系统主要由主机和外部设备组成。CPU 是计算机系统对信息进行高速运算处理的主要部件；存储器用于存储程序、数据和文件，常由快速的主存储器和慢速的外存储器组成；各种输入输出设备是人机间的信息转换器，由输入输出控制系统管理外部设备与主存储器、CPU 之间的信息交换。

软件系统可以分为系统软件和应用软件。系统软件由操作系统、监控程序、编译和解释程序等组成。其中，操作系统实施对各种软硬件资源的管理控制；编译程序的功能是把程序员用某种程序设计语言编写的程序，编译成计算机可执行的机器语言程序。应用软件是程序员按用户需要编写的专用程序，它借助系统软件和支撑软件运行，是软件系统的最外层，面向最终用户。

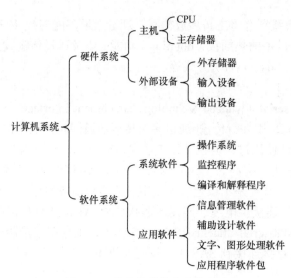

图 1-13　计算机系统的整体组成

　　下面我们通过一个简单的 C 语言程序的编辑、编译和执行的过程，来体会它和计算机系统是如何交互的。

```c
#include<stdio.h>
int main()
{
    printf("hello, world.\n");
    return 0;
}
```

　　这是一个非常简单的 C 语言程序，它调用系统函数 printf 在显示器屏幕（标准输出设备）上输出 "hello, world."。这个源程序需要一个编辑器（系统软件）来编写，然后把文件保存为 "hello.c"。"hello" 是文件名，".c" 是文件扩展名（filename extension）。

　　文件扩展名是操作系统用来标识文件类型的一种机制。C 语言程序的源文件的扩展名是 ".c"，例如上面提到的 "hello.c" 文件。C++程序的源文件的扩展名是 ".cpp"；Java 程序的源文件的扩展名是 ".java"；用 PowerPoint 应用软件播放的幻灯片的源文件的扩展名是 ".pptx"；如果你看见扩展名是 ".jpg" 的文件，就应该知道这是一个常见的图像格式的文件。

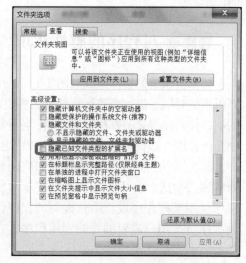

　　常用的 Windows 系列操作系统，在默认情况下会隐藏文件扩展名，但程序员为了编程的方便，需要知道文件的扩展名。下面我们以 Windows 10 系统为例，告诉大家如何看到文件扩展名。打开"文件资源管理器"窗口，单击"查看"菜单下的"选项"按钮，会弹出"文件夹选项"对话框。打开"文件夹选项"对话框的"查看"选项卡，取消勾选"隐藏已知文件类型的扩展名"复选框，如图 1-14 所

图 1-14　"文件夹选项"对话框

示，单击"确定"按钮保存设置，这样就可以看见文件的扩展名了。

程序员通过编译器创建并保存的文本文件"hello.c"对计算机而言就是 0 和 1 组成的比特（bit）序列，8 个比特一组，称为字节，一个字节可表示程序中的一个文本字符。大部分计算机系统使用 ASCII（American standard code for information interchange，美国信息交换标准代码）来表示文本字符，就是用唯一的单字节整数表示字符。

图 1-15 就是"hello.c"源程序的字符在计算机系统里面存储的内容，"#"对应十进制整数 35，小写字母"i"对应整数 105；"SP"表示空格符，"\n"表示换行符，虽然它们是不可见字符，但也有对应的 ASCII 整数，"SP"对应整数 32，"\n"对应整数 10。像"hello.c"这样由字符构成的文件称为文本文件，其他类型的文件都称为二进制文件。系统中所有信息，如磁盘文件、内存中的程序、内存中的用户数据、网络上传送的数据，都是由一串串的比特表示的。区分不同数据对象的唯一方法是区分我们读取这些数据对象时的上下文。在不同的上下文中，同样的字节序列可能表示的是一个整数、浮点数、字符串或机器指令。

#	i	n	c	l	u	d	e	SP	<	s	t	d	i	o	.
35	105	110	99	108	117	100	101	32	60	115	116	100	105	111	46
h	>	\n	\n	i	n	t	SP	m	a	i	n	(	)	\n	{
104	62	10	10	105	110	116	32	109	97	105	110	40	41	10	123
\n	SP	SP	SP	SP	p	r	i	n	t	f	(	"	h	e	l
10	32	32	32	32	112	114	105	110	116	102	40	34	104	101	108
l	o	,	SP	w	o	r	l	d	.	\n	"	)	;	\n	SP
108	111	44	32	119	111	114	108	100	92	110	34	41	59	10	32
SP	SP	SP	r	e	t	u	r	n	SP	0	;	\n	}	\n	
32	32	32	114	101	116	117	114	110	32	48	59	10	125	10	

图 1-15　"hello.c"的 ASCII 表示

1.3 程序的编译和执行过程

hello 程序的生命周期，是从 C 语言程序的源文件（源程序）开始的，源文件能够被人读懂，但为了在计算机上运行"hello.c"程序，每条 C 语句都必须被转换为一系列的能被计算机识别的机器语言指令。然后，这些指令按照可执行目标文件的格式打包，并以二进制磁盘文件的形式存放起来。从源文件到目标文件的转换是由编译器完成的。例如，如下指令就是一行在 Linux 操作系统上执行的命令，该命令调用 GCC 编译器把"hello.c"源文件编译成计算机能执行的目标文件 hello。

```
linux>gcc-o hello hello.c
```

这个过程分为 4 个阶段，预处理、编译、汇编和连接，如图 1-16 所示。

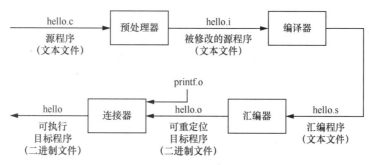

图 1-16　"hello.c"源文件的编译过程

第 1 阶段是预处理阶段，预处理器（preprocessor）执行以 "#" 开头的指令，类似于编辑器，可以给程序添加或修改内容。预处理器读取系统头文件 "stdio.h" 的内容，把它插入程序文本，得到 "hello.i" 文件，这是一个被修改的文本文件。

第 2 阶段是编译阶段，编译器把 "hello.i" 编译成 "hello.s" 文件，这个文本文件是用汇编语言编写的。汇编语言是直接面向 CPU、面向机器的程序设计语言，属于低级语言。

第 3 阶段是汇编阶段，汇编器把 "hello.s" 文件编译成机器语言指令，并将结果保存在 "hello.o" 文件中，这是一个可重定位的目标程序，是二进制文件。

第 4 阶段是连接阶段，hello 程序调用了 printf 函数，printf 函数存在于一个预编译好的 "printf.o" 目标文件中，这个文件以连接的方式合并到 "hello.o" 文件中，得到最终的可执行文件。

为了理解 hello 程序的运行，我们可在 1.1 节中图 1-4 所示的典型的计算机硬件系统模型上运行编译成功的可执行文件。当用户在键盘（外部输入设备）上输入 "hello" 时，操作系统的 Shell 程序将字符逐一读入寄存器，再把它存放到内存中。当我们在键盘上按 "Enter" 键时，Shell 程序就知道我们已经结束了命令的输入，然后执行一系列指令来加载可执行的 "hello" 文件，这些指令将存储在磁盘上的 "hello" 目标文件中的代码和数据复制到主存储器，包括最终会被输出的字符串 "hello, world."。

一旦可执行目标文件 hello（在 Windows 环境中是 "hello.exe" 文件）中的代码和数据被加载到主存储器，CPU 即执行 hello 程序中的 main 函数中的机器语言指令，这些指令将 "hello, world." 字符串中的字符字节从主存储器复制到寄存器，再从寄存器复制到显示设备，最后在显示器（外部输出设备）屏幕上显示 "hello, world."。

> 提示：对于本章 1.1、1.2、1.3 节的内容，读者可以参看慕课视频 1，通过视频熟悉相关内容。

1.4 系统的抽象

本节我们更深入地来探讨 hello 程序的运行。当 Shell 程序加载和运行 hello 程序，以及 hello 程序输出自己的消息时，Shell 程序和 hello 程序都没有直接访问键盘、显示器、磁盘或主存储器，它们依靠的是操作系统提供的服务，因此理解操作系统为程序提供的服务，能帮助我们更好地编写和调试程序。

操作系统有两个基本功能：

（1）防止硬件被失控的应用程序滥用；

（2）向应用程序提供简单一致的机制，来控制复杂而不相同的低级硬件设备。

如图 1-17 所示，操作系统通过几个非常巧妙的抽象概念来实现这两个基本功能，文件是对输入输出设备的抽象表示，虚拟内存是对主存储器、磁盘和输入输出设备的抽象表示，进程则是对 CPU、主存储器和输入输出设备的抽象表示。

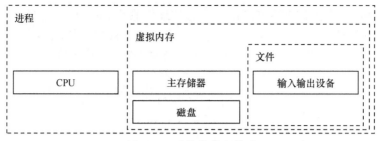

图 1-17　系统的抽象模型

1.4.1　进程

进程是操作系统对一个正在运行的程序的一种抽象。hello 程序在系统上运行，操作系统会提供一种假象，好像系统上只有这个程序在运行，程序好像独占 CPU、主存储器和输入输出设备，这种假象就是通过进程来实现的。而实际上系统同时运行多个进程（程序），一个 CPU 就可以并发地执行多个进程，并在多个进程间切换，这种机制称为上下文切换。操作系统保持跟踪进程运行所需的所有状态信息（上下文），如果操作系统决定把控制器从当前进程转换到某个新进程，就会进行上下文切换，保存当前进程的上下文、恢复新进程的上下文，并将控制权传递到新进程，新进程就会从它上次停止的地方开始运行。

我们假设有两个并发进程：Shell 进程和 hello 进程。开始 Shell 进程在运行，等待命令行的输入，当我们通过键盘输入"hello"并按"Enter"键后，Shell 进程调用一个系统调用函数来执行我们的请求，系统调用函数会将控制权传递给操作系统。操作系统保存 Shell 进程的上下文，创建 hello 进程及其上下文，并将控制权传回给 Shell 进程，Shell 进程会继续等待下一个命令行输入。

下面通过图 1-18 的例子，来体会一下进程间的上下文切换。如图 1-18 所示，从一个进程到另一个进程的转换是由操作系统内核（kernel）管理的，内核是操作系统代码常驻内存的部分。当应用程序需要调用系统的操作时，比如读写文件时，它就执行一条特殊的系统调用（system call）指令，将控制权传递给内核，然后内核执行被请求的操作并返回应用程序。实现进程这个抽象概念需要低级硬件和操作系统软件之间的紧密合作。

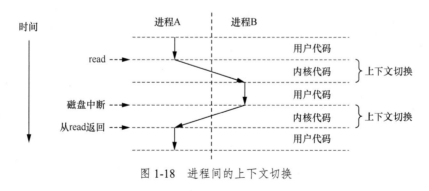

图 1-18　进程间的上下文切换

1.4.2　虚拟内存

虚拟内存也是抽象概念，它为每个进程提供了一种假象，即每个进程都在独立地使用主存储器，每个进程看到的主存储器都是一致的，称为**虚拟地址空间**。编程的时候，需要了解程序就放在类似图 1-19 所示的 Linux 进程的虚拟地址空间中。最上面的区域是留给操作系统中的代码和数据的，底部区域存放用户进程定义的代码和数据。图 1-19 中地址是从下往上增大的，分成多个区域，我们从底部向上简单介绍每个区域的功能。

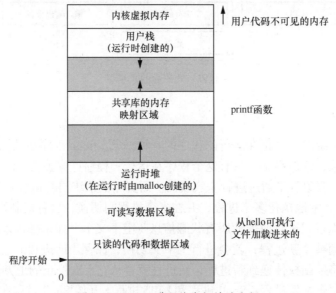

图 1-19 Linux 进程的虚拟地址空间

1．程序代码和数据区域

有了虚拟内存的抽象，对程序员而言，编写的程序代码都是从某个固定地址开始的，先是只读的代码和数据区域，接着是可读写数据区域。程序代码和数据区域是直接按照可执行目标文件的内容初始化的，本示例就是按照可执行文件 hello 的内容初始化的。

2．运行时堆

对于普通的数据一开始就指定了其大小，但若要调用像 malloc 和 free 这样的涉及内存动态分配的 C 标准库函数（将在第 12 章介绍其用法），可以在运行时动态地扩展和收缩空间。通过动态内存分配函数获取的数据空间就在**堆区**。

3．共享库的内存映射区域

地址空间的中间部分用来存放 C 标准库和数学库之类的共享库的代码和数据。

4．用户栈

栈是一种先进后出的结构，虚拟地址空间的中上部是用户栈，编译器用它来实现函数调用。当我们调用一个函数时，主调函数相关的数据就被压入栈中，并为被调函数分配栈空间，栈就会增长；当被调函数运行完毕并返回，被调函数的栈会消失，栈就收缩了。

5．内核虚拟内存

虚拟地址空间的顶部是为内核保留的，不允许应用程序读写这个区域的内容，必须调用内核来执行这些操作。

虚拟内存的运作需要硬件和操作系统软件之间精密复杂的交互,包括对 CPU 生成的每个地址的硬件翻译,其基本思想就是进程的虚拟内存的内容存储在磁盘上,然后用主存储器作为磁盘的高速缓存。

1.4.3 文件

计算机上的数据是以文件(file)的形式进行管理的。文件是处理数据时的基本单位,分为文本文件(text file)和二进制文件(binary file)这两种。

文本文件是只有文本(英文、数字、假名、汉字、符号等文字)的文件,能用文本编辑器(进行文本数据的输入和编辑的程序)处理,也能被大部分应用程序读写,其数据与系统无关(可跨系统进行处理)。一般情况下,文本文件占用的内存空间比较小。

二进制文件是无法直接看懂的由二进制数组成的文件,例如,声音、图像及动画文件,可执行形式的程序文件等,都是二进制文件。用二进制文件进行数据交换时,交换的对象(应用程序)也必须能处理同样格式的二进制文件。

文件是 UNIX 操作系统提出的一种非常重要的抽象机制,文件就是字节序列的集合,各种输入输出设备,包括磁盘、键盘、鼠标、显示器,甚至网络,都可以看成文件,它向应用程序提供了一个统一的视图,通过抽象化的方式去访问系统中种类繁多、五花八门的设备。

设备驱动程序是最贴近底层硬件的程序,它直接操控硬件,驱动程序屏蔽了底层硬件的细节,提供了上层应用操控底层硬件的接口,简化了上层应用的开发。程序员通过文件这一抽象级别去操控各种硬件,完成编程任务。

这一层层的抽象,使上层的程序员可以不需要了解太多的底层硬件的细节,就能在一定的抽象级别上编写应用程序。计算机系统是硬件系统和软件系统的集合体,它们共同协作以达到运行应用程序的目的,抽象是计算机科学中极为重要的概念之一。

1.5 集成开发环境

从前文中我们了解了计算机处理的数据、接受的指令是二进制数,用 C 语言编写的源程序需要转换成计算机能识别的二进制代码,才能让计算机按我们的要求工作,这个转换过程就是编译,负责转换的系统软件称为编译器。

程序设计时,虽然可以使用命令行的方式编译源程序(例如前面编译 hello 程序的方式),但毕竟不够方便,特别是对初学者而言,不够友好,我们需要使用软件工具来辅助完成整个编程工作。

集成开发环境(integrated development environment,IDE)是用于辅助程序开发的应用程序,它是集成了源代码编写、分析、编译、调试等功能的一体化开发软件服务套件。

常用的 C 语言 IDE 主要有 C-Free、VS(Visual Studio)、Eclipse、Anjuta、code::blocks、dev C++等,这些 IDE 都可以对 C 程序进行编辑、编译、连接、执行和调试。C-Free 和 dev C++安装简单、占用空间少、程序调试简单方便,是轻量级的 IDE,适合初学者使用;要开发更复杂的程序的时候,可以选择 VS、Eclipse 等功能更复杂的重量级 IDE。

如果采用 C-Free 作为 IDE,请不要修改默认的安装路径,因为当前的 Windows 系列操作系统基本是 64 位的,而 C-Free 是为 32 位操作系统设计的,如果修改默认的安装路径,可能会有兼容性的问题出现。

GCC（GNU compiler collection，GNU 编译器套件）是流行的编译器之一。GCC 是一套遵循 GPL 规范而发行的自由软件，也是 GNU 计划的关键部分，亦是自由的类 UNIX 及苹果计算机 Mac OS X 操作系统的标准编译器。GCC 原名为 GNU C 语言编译器（GNU C compiler），它原本只能处理 C 语言，但很快被扩展，可处理 C++，后来也可处理 FORTRAN、Pascal、Objective-C、Java、Ada、Go 等语言，所以改名为 GNU 编译器套件，是跨平台编译器的事实标准。

习题 1

1. 谈谈你对计算机系统的理解。
2. 简述 C 源程序的编译和运行过程。
3. 谈谈你对系统抽象的理解。
4. 从网上下载一个 C 语言的 IDE，编写一个简单的 hello 程序，开始程序设计之旅吧！
5. 查阅一下自由软件（free software）和开放源码（open-source）软件的含义。

第2章 C语言入门

C 语言是具有低级语言特点的高级程序设计语言。使用它既可以编写底层驱动程序及系统软件，又可以编写上层应用软件。目前，流行的程序设计语言都不同程度地带有 C 语言的"烙印"，学好 C 语言再去学习其他程序设计语言，事半功倍。

从本章开始，我们将慢慢揭开 C 语言的"面纱"。

2.1 C 语言的起源

C 语言是非常流行的高级程序设计语言之一，它是 UNIX 操作系统的副产品。

1964 年，美国贝尔实验室（Bell laboratory）加入一个与通用电气（General Electric）公司和麻省理工学院（Massachusetts Institute of Technologg，MIT）合作的项目，该项目要建立一套多用户（multi-user）、多任务（multi-processor）、多层次（multi-level）的 Multics 操作系统。

1969 年，贝尔实验室的肯尼思·汤普森（Kenneth Thompson）在 PDP-7 计算机上用汇编语言编写了 UNIX 的最初版本。图 2-1 所示就是 PDP-7 计算机。体积如此巨大的计算机只有 16KB 内存。16KB 有多大？

计算机最小的存储计量单位是比特，即 bit；计算机最基本的存储计量单位是字节，即 B，1B=8bit。常用计量单位如表 2-1 所示。

图 2-1　PDP-7 计算机

表 2-1　常用计量单位

计量单位	换算	相应的二进制级别	相应的十进制级别	级别
1KB（kilobyte，千字节）	1024B	2^{10}	10^3	千
1MB（megabyte，兆字节）	1024KB	2^{20}	10^6	百万
1GB（gigabyte，吉字节）	1024MB	2^{30}	10^9	十亿
1TB（terabyte，太字节）	1024GB	2^{40}	10^{12}	万亿
1PB（petabyte，拍字节）	1024TB	2^{50}	10^{15}	千万亿
1EB（exabyte，艾字节）	1024PB	2^{60}	10^{18}	百亿亿
1ZB（zettabyte，泽字节）	1024EB	2^{70}	10^{21}	十万亿亿
1YB（yottabyte，尧字节）	1024ZB	2^{80}	10^{24}	一亿亿亿

现在的 PC 和手机的内存，最普通的也是 GB 级别的，而体积庞大的 PDP-7 计算机受限于当时的硬件技术条件，内存只有 16KB，所以一开始只能使用汇编语言来编写它的操作系统。

汇编语言是面向机器的程序设计语言，属于低级语言。不同 CPU 的汇编语言语法不同，编译的程序无法在不同类型的 CPU 上执行，缺乏可移植性。表 2-2 就是针对 8086 的汇编语言语句示例，其中第 3 列就是这几个语句对应存放在内存中的 8086 指令数据（用十六进制数表示），第 4 列就是对应的二进制机器码。从表 2-2 中可以看出，汇编语言编写的程序不容易理解，而且调试比较困难，也难以改进，因此，人们需要一种简单、容易理解和调试的高级程序设计语言来完成操作系统的开发工作。

表 2-2 汇编语言语句示例

语句	指令的含义	内存中的指令数据	对应的二进制机器码
mov ax,3FH	将立即数 003FH 传送到寄存器 AX	B8 3F 00	1011 1000 0011 1111 0000 0000
add bx,ax	将寄存器 BX 的内容和寄存器 AX 的内容相加，结果存在 BX 中	01 C3	0000 0001 1100 0011
add cx,ax	将寄存器 CX 的内容和寄存器 AX 的内容相加，结果存在 CX 中	01 C1	0000 0001 1100 0001

肯尼思·汤普森以 BCPL（basic combined programming language）为基础，做了精简，使 BCPL 能挤压在 8KB 内存中运行，这个简单且很接近硬件的语言就是 B 语言，名字取自 BCPL 的第一个字母，并且它成为第一个在 UNIX 操作系统上使用的高级语言。

丹尼斯·里奇（Dennis Ritchie）加入后，在新计算机 PDP-11 上开发 UNIX，虽然 B 语言具有精练、接近硬件的优点，但还是不能满足要求，因为 B 语言过于简单，数据无类型。1971 年贝尔实验室的丹尼斯·里奇开始改良 B 语言，新开发的语言一开始命名为 NB（New B），但后来越来越偏离 B 语言，因此改名为 C 语言，成就了今天大名鼎鼎的 C 语言。

肯尼思·汤普森与丹尼斯·里奇成功地用 C 语言重写了 UNIX 的第 3 版内核。至此，UNIX 操作系统的修改、移植都相当便利，UNIX 和 C 的完美结合，为 UNIX 日后的普及打下了坚实的基础。

1975 年 UNIX 第 6 版发布，C 语言的优点引起了人们广泛的关注。之后，C 语言先后移植到大、中、小、微型计算机上，独立于 UNIX 和 PDP 计算机，风靡世界，成为应用极其广泛的计算机程序设计语言之一。

肯尼思·汤普森被尊称为"UNIX 之父"，丹尼斯·里奇被尊称为"C 语言之父"（见图 2-2），他们成就了 UNIX 操作系统和 C 语言。

1978 年布莱恩·克尼汉（Brian Kernighan）和丹尼斯·里奇合著了影响深远的名著《C 程序设计语言》（*The C Programming Language*）。布莱恩·克尼汉也参与了 UNIX 和 C 语言开发。

图 2-2 肯尼思·汤普森（左）和丹尼斯·里奇（右）

流行的 C 语言版本如下。

➢ K&R C：丹尼斯·里奇和布莱恩·克尼汉的 *The C Programming Language* 被称为 K&R，即标准 C。

- ANSI C（C89）、ISO C（C90）：内容一致，绝大多数开发工具支持 ANSI / ISO C 标准，是 C 语言用得最广泛的标准版本。
- C99：1995 年，C 程序设计语言工作组对 C 语言进行了一些修改，成为后来的 1999 年发布的 ISO/IEC 9899:1999 标准，通常简称为 C99。但不是所有商业编译器都支持 C99。
- C11：2011 年，ISO 正式发布了 C 语言的新标准 C11，官方名称为 ISO/IEC 9899:2011。支持的编译器更少一些。

2.2 C 语言的特点

C 语言简洁、紧凑、灵活，使用方便，其主要特点如下。
- 只有 32 个关键字。
- 有 9 种控制语句。
- 运算符丰富（34 种运算符）。
- 数据类型丰富，具有现代语言的各种数据结构。
- 有结构化的控制语句，是完全模块化和结构化的语言。
- 语法限制不太严格，程序设计自由度大。

C 语言的优点如下。
- C 语言允许直接访问物理地址，能按位进行操作，能实现汇编语言的大部分功能，可直接对硬件进行操作。
- 兼有高级语言和低级语言的特点，适合编写操作系统和其他系统软件。
- 目标代码质量高，程序执行效率高，只比汇编程序生成的目标代码的效率低 10%～20%。
- 程序可移植性好（与汇编语言程序相比），仅需很少的修改就能用于不同型号的计算机和操作系统。

C 语言的缺点如下。
- 程序更容易隐藏错误，与汇编语言相似，很多错误要运行时才能检测出来。
- 其灵活性带来的副作用是 C 程序可能会难以被理解，所以编写 C 程序的时候最好遵循现代程序设计规范，写好注释和程序文档，便于后期维护。
- 用 C 语言编写大型程序会难以修改，它缺乏现代编程语言提供的"类"和"包"之类的机制。如果要编写大型应用程序，可以借助面向对象的程序设计语言，如 Java、C++、C#和 Python 等。

基于 C 语言的程序设计语言如下。
- C++：包含 C 语言的所有特性，增加了类和其他特性，支持面向对象编程。
- Java：基于 C++，但抛弃了其复杂性和奇异性，增加了接口技术，纯面向对象编程语言。
- C#：基于 C++ 和 Java 发展起来的语言。
- Python：其官方版本是使用 C 语言实现的，不少语法类似 C 语言的语法。

因此，学好 C 语言，再学习和掌握其他高级程序设计语言会事半功倍。

提示：对于本节的内容，读者可以参看慕课视频 2，通过视频熟悉相关内容。

2.3 C 程序的基本结构

我们通过"hello.c"程序来了解 C 程序的基本结构。

```
/* hello.c */
#include<stdio.h>
int main()
{
    printf("hello, world.\n");
    return 0;
}
```

/*…*/ 表示注释。注释只是给程序员看的，对编译和运行不起作用，可以提醒程序员这个程序完成了哪些功能。

以"#"开头的是指令，"#include <stdio.h>"的功能是导入标准输入输出函数库中的函数原型，stdio.h 被称为头文件，主函数中调用的 printf 函数来自该头文件中说明的函数原型。

每个 C 程序必须有一个主函数 main，int 表明 main 函数返回值的类型为整型。

花括号{}是函数开始和结束的标志，不可省略。

每个 C 语句以分号结束。

"return 0;"表示程序结束时向操作系统返回 0 值。

图 2-3 显示了 C 程序的生命周期。

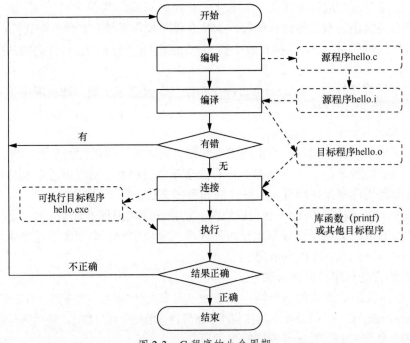

图 2-3　C 程序的生命周期

➢ 编辑源程序 hello.c，预处理器执行以"#"开头的指令，添加和修改源程序，生成源程序 hello.i。

➢ 对源程序进行编译，判断是否有错：有错，重新执行这个过程；无错，生成目标程序 hello.o。

> 与库函数或其他目标程序连接，本例连接的是库函数 printf，连接后生成可执行目标程序 hello.exe。

> 执行目标程序，判断执行是否正确：不正确，重新完成这个过程；正确，显示结果。

C 语言的 IDE 都和 C++的 IDE 打包在一起，所以要注意表 2-3 中常见的 C（C++）语言的扩展名。扩展名是 ".c"，表明这是一个用 C 语言编写的源文件。扩展名是 ".cpp"，表明这是一个用 C++语言编写的源文件，一般 IDE 默认的源文件扩展名是 ".cpp"，若要保存 C 语言源文件，要主动修改扩展名。扩展名是 ".o"，表明这是一个目标文件。扩展名是 ".h"，表明这是一个头文件，例如，hello 程序的 include 指令中，导入了 stdio.h 头文件。扩展名是 ".exe"，表明这是一个 Windows 操作系统中的可执行文件。

表 2-3　常见的 C（C++）语言的扩展名

文件扩展名	文件类型	例子
.c	C 源文件	hello.c
.cpp	C++源文件	hello.cpp
.o	C/C++目标文件	hello.o
.h	C/C++头文件	stdio.h
.exe	Windows 可执行文件	hello.exe

> 提示：对于本节的内容，读者可以参看慕课视频 3.1，通过视频熟悉相关内容。

2.4　C 程序的输出函数 printf

2.4.1　输入、计算、输出

编写程序的目的是解决最终用户的实际问题，把用户需要的结果告诉用户。程序一般包含 3 个部分：输入、计算、输出。下面的例子能计算给定边长的正方体的体积。

```
/* volume.c */
/* 给出正方体的边长，计算其体积 */
#include<stdio.h>
int main(void)
{
    int length,volume;                                  //变量声明
    length=9;                                           //给正方体的边长赋值

    volume=length*length*length;                        //计算体积

    printf("The length of one side of the cube: %d\n",length);    //输出正方体的边长
    printf("The volume of the cube: %d\n",volume);      //输出正方体的体积

    return 0;
}
```

程序的运行结果如下。

```
The length of one side of the cube: 9
The volume of the cube: 729
```

这段程序的前 2 行是注释，第 1 行注释给出程序的文件名，第 2 行注释提示程序员这段程序实现的功能。main 函数的前 5 个语句中 "//" 及后面的内容也是注释，称为**行注释**。注释内容从 "//" 开始直到本行末尾结束，"//" 及后面的内容也会被编译器忽略，同样是给程序员的提示内容。

C 程序启动后，首先调用的函数是 main 函数。在本例中，main 函数里的第 1 个语句声明了 2 个变量，int 表示变量的类型是整型（将在第 3 章详细介绍数据的基本类型），length、volume 分别表示边长和体积变量。在程序设计的术语里，这称为变量的声明（variable declaration），变量必须被声明以后才能使用。如果程序中未声明 length 变量就直接使用，系统会报错，提示 "'length' was not declared in this scope"，这是初学者容易犯的错误。

变量名是值的存放处的标签，它有 3 个重要属性：名称、值和类型。如图 2-4 所示，我们可以把变量看成一个外面贴有标签的盒子，变量的名字写在标签上，以区分不同的盒子，变量的值对应于盒子里装的东西。盒子上的标签不会改变，但盒子里面可以取出值或放入新的值。变量类型表明什么类型的数据可以存储在盒子中，例如，length 变量存放的是整型数据，就不能把浮点型的数据放进去。

main 函数里的第 1 个语句，声明了 2 个变量，其状态如图 2-4（a）所示。main 函数里的第 2 个语句，初始化边长变量 length，通过赋值运算符 "=" 把整型常量 9 赋给 length 变量，其状态如图 2-4（b）所示。第 3 个语句计算正方体的体积，并把计算结果赋给 volume 变量，其状态如图 2-4（c）所示。第 2 个、第 3 个语句都是表达式语句（第 4 章将详细介绍表达式的用法）。

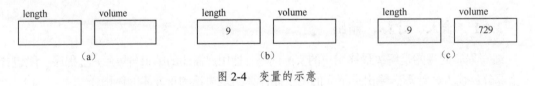

图 2-4　变量的示意

main 函数里的第 4 个、第 5 个语句，就是 C 语言的一种输出函数，函数括号里面双引号内的字符串就是要显示的内容。%d 是**整数**的转换符（占位符），显示的内容被逗号后变量的值替代。第 4 行的 %d 替换显示的是 length 变量的值 9；第 5 行的 %d 替换显示的是 volume 变量的值 729。

最后的 return 语句是返回值语句，说明把值 0 返回给调用 main 函数的系统。

2.4.2　格式化输出

C 语言本身没有输入输出语句，输入输出功能可以由库函数 scanf 和 printf 等来完成，C 语言对输入输出实行 "函数化"。前面的例子中我们使用了 printf 函数，现在讲解格式化输出的具体方法。

printf 函数用来输出格式化字符串（format string）的内容，该函数的原型如下。

```
int printf(格式化字符串,表达式 1,表达式 2,…);
```

显示的值可以是常量、变量或者表达式。格式化字符串（简称格式串）包含普通字符和转换说明（conversion specification），转换说明以"%"开头。%d 表示把整型数值从二进制数字转换成十进制数字，%f 表示对浮点型数值的转换。

```
/* output.c */
#include<stdio.h>
int main()
{
    int i,j;
    float x,y;

    i=10;
    j=20;
    x=43.2892f;
    y=5527.0f;

    printf("i=%d,j=%d,x=%f,y=%f\n",i,j,x,y);

    return 0;
}
```

程序的运行结果如下。

```
i=10,j=20,x=43.289200,y=5527.000000
```

这个程序声明了整型变量 i 和 j、浮点变量 x 和 y，并给 4 个变量赋了初始值。我们重点关注 printf 函数的格式串对输出的影响。格式串中普通字符直接显示，如 i=、j=、x=、y=；以"%"开头的转换符被对应的变量值取代。前两个%d 分别取代 i 的值 10 和 j 的值 20，后两个%f 分别取代 x 的值 43.289200 和 y 的值 5527.000000。

> ⚠️ **注意**：C 的编译器不会检测格式串中转换说明的**数量**和数据**类型**是否和后面的变量一致。转换说明的数据类型与实际数据类型不一致时，会产生无意义值。如果转换说明的个数多于变量个数，则没有对应变量的转换说明也会产生无意义值。转换说明的个数少于变量个数时，多出的变量无法被显示。

（1）将 output 程序中的 printf 语句替换为如下语句。

```
printf("i=%d,j=%f,x=%d,y=%f\n",i,j,x,y);
```

程序的运行结果如下。

```
i=10,j=-0.000000,x=1078306052,y=5527.000000
```

转换说明的数据类型与实际数据类型不一致，%f 和 j 不一致，%d 和 x 不一致，产生无意义值。

（2）将 output 程序中的 printf 语句替换为如下语句。

```
printf("i=%d,j=%d,x=%f,y=%f %d\n",i,j,x,y);
```

程序的运行结果如下。

```
i=10,j=20,x=43.289200,y=5527.000000  1942776762
```

转换说明的个数多于变量个数，多了一个%d，没有对应的变量，产生无意义值。

（3）将 output 程序中的 printf 语句替换为如下语句。

```
printf("i=%d,j=%d,x=%f,y=%f\n ",i,j,x,y,i,j);
```

程序的运行结果如下。

```
i=10,j=20,x=43.289200,y=5527.000000
```

转换说明的个数少于变量个数，多出的变量显示不出来。

图 2-5 显示了转换说明的格式，下面解释%后面的字段的含义。

| % | 标志 | m（最小字段宽度） | .n（精度） | 长度修饰符 | 转换说明符 |

图 2-5　转换说明的格式

① "标志" 字段的含义如下。

➤ 如果是 "−"，表示左对齐输出；如果省略，表示右对齐输出。

➤ 如果是 "0"，表示空位采用 0 填充；如果省略，表示空位采用空格符填充。

② m：指最小字段宽度，即对应的输出项在输出设备上所占的最小字符数。

③ .n：指精度，用于说明输出的实数的小数位数，默认情况下 n=6。

④ 长度修饰符可选 f 格式、e 格式或 g 格式。

f 格式：用来输出实数（包括单、双精度实数），以小数形式输出。

➤ %f：不指定宽度，整数部分全部输出并输出 6 位小数。

➤ %-m.nf：输出共占 m 列，其中有 n 位小数，如果数值宽度小于 m，则在右端补空格符。

➤ %m.nf：输出共占 m 列，其中有 n 位小数，如果数值宽度小于 m，则在左端补空格符。

e 格式：以指数形式输出实数，可用以下形式。

➤ %e：数字部分（又称尾数）输出 6 位小数。

➤ %m.ne 和%-m.ne：m、n 和 "−" 的含义与前相同。此处 n 指数据的数字部分的小数位数，m 表示整个输出数据所占的宽度。

g 格式：自动选 f 格式或 e 格式中较短的一种格式输出，且不输出无意义的 0。

⑤ 转换说明符可选 o 格式或 x 格式。

o 格式：转换为八进制数。

x 格式：转换为十六进制数。

```
/* output1.c */
#include<stdio.h>
int main()
{
    int i;
    float x;

    i=68;
    x=836.29f;

    printf("|%d|%5d|%-5d|%5.3d|\n",i,i,i,i);
    printf("|%11.3f|%11.3e|%-11.3g|\n",x,x,x);
    printf("|%o|%5x|%-5o|\n",i,i,i);

    return 0;
}
```

运行结果如下。

```
|68|   68|68  |  068|
|      836.290| 8.363e+002|836.29    |
|104|    44|104  |
```

这个程序声明了整型变量 i、浮点变量 x，并给 2 个变量赋了初始值。

第 1 个 printf 函数输出整数。加入普通字符"|"是为了让大家看清楚数据的对齐方式。

%d：用最小的空间显示。

%5d：右对齐，占 5 个字符空间，空位用空格符填充。

%−5d：左对齐，占 5 个字符空间，空位用空格符填充。

%5.3d：右对齐，占 5 个字符空间，3 个有效数字，有效数字不足则前面用 0 填充，位置没填满则用空格符填充。

第 2 个 printf 函数输出浮点数。

%11.3f：占 11 个字符空间，小数点后保留 3 位数字。

%11.3e：以指数形式显示，占 11 个字符空间，小数点后保留 3 位数字，补充 1 个空格符，正好填满。

−11.3g：左对齐，选 f 和 e 格式中所占空间小的格式显示，对这个程序，选择的是 f 格式。

第 3 个 printf 函数将原本的十进制数转换为八进制数和十六进制数并输出。

%o：用八进制数 104 表示十进制数 68，$1×8^2+0×8^1+4×8^0=68$。

%5x：用十六进制数 44 表示十进制数 68，占 5 个字符空间，$4×16^1+4×16^0=68$。

%−5o：左对齐，占 5 个字符空间，用八进制数显示。

> 提示：对于本节的内容，读者可以参看慕课视频 3.2，通过视频熟悉相关内容。

2.5 标识符

在编写程序时，需要对变量、函数、宏和其他实体进行命名。这些名字称为标识符（identifier）。在 C 语言中，标识符可以含有字母、数字和下画线，但是必须以字母或者下画线开头。

下面是合法的标识符示例。

```
times10 get_next_char _done Boy Girl
```

下面是不合法的标识符示例。

```
10times get-next-char
```

C 语言是区分大小写的，下面示例中的标识符是完全不同的。

```
job joB jOb jOB JOb JoB Job JOB
```

为了使名字更清晰，必要时还会插入下画线。

```
symbol_table current_page name_and_address
```

另外一些程序员则避免使用下画线，他们的方法是把标识符中的个别单词用大写字母开头。

```
symbolTable currentPage narneAndAddress
```

用下画线分隔单词的命名风格在传统 C 语言中很常见，但现在单词首字母大写的风格更流行，这主要归功于这种风格在 Java、C#及 C++中的广泛使用。

C 语言对标识符的最大长度没有限制，所以可以使用较长的描述性名字。诸如 currentPage 这样的标识符比 cp 之类的更容易让人理解其含义。

另外，C 语言的标识符不能和关键字同名，图 2-6 显示了 C 语言的关键字，也称为保留字，它们有特殊的语法意义。

auto	double	int	struct
break	else	long	switch
case	enum	register	typedef
char	extern	return	union
const	float	short	unsigned
continue	for	signed	void
default	goto	sizeof	volatile
do	if	static	while

图 2-6　C 语言的关键字

2.6 C 程序的输入函数 scanf

2.6.1　程序的输入

我们先来回忆一下 2.4.1 小节中计算正方体体积的程序，我们通过赋值语句给正方体边长赋值，如果需要计算其他边长的正方体体积，我们必须修改源程序，非常不方便。改进 volume 程序，使用户可以自行输入正方体边长。

```
/* volume1.c */
/* 提示用户输入正方体边长，计算并输出体积 */
#include<stdio.h>
int main(void)
{
    int length,volume;                                    //变量声明

    printf("Enter the length of one side of the cube: " );     //提示输入正方体边长
    scanf("%d",&length);                                  //读入用户输入的边长

    volume=length*length*length;                          //计算体积

    printf("The length of one side of the cube: %d\n",length); //输出正方体边长
    printf("The volume of the cube: %d\n",volume);     //输出计算出的正方体体积

    return 0;
}
```

程序的运行结果如下。

```
Enter the length of one side of the cube: 25
The length of one side of the cube: 25
The volume of the cube: 15625
```

下画线表明标注内容是用户输入的内容。为了获取输入，需要用到 scanf 函数，该函数中的 f 和 printf 函数中的 f 含义相同，表示 format（格式化）。main 函数中的第 3 行语句“scanf("%d", &length);”中的%d 表明读入一个整型的值，并放到变量 length 中。“&”运算

符表示取变量地址，第 8 章会详细介绍它的含义和用法。"scanf("%f", &x);"中的%f 表明读入一个浮点型的值，放到变量 x 中。

改进的 volume1 程序把 volume 程序中用特定值初始化边长的语句修改为接收用户自行输入的边长的语句。运行该程序，首先输出"Enter the length of one side of the cube:"的提示，接着遇到第一个 scanf 语句，主程序的 main 函数暂停执行，等待用户输入边长。用户输入 25 并按"Enter"键后，25 被读入 length 变量，然后程序计算体积，接着输出两行结果信息。

volume1 程序就是标准的输入、计算、输出程序，通过 scanf 语句，可以灵活地接收用户输入的边长，计算不同尺寸的正方体的体积。

2.6.2 格式化输入

scanf 函数按指定的格式从标准输入设备 stdin（键盘）读取输入的数据，该函数的原型如下。

```
scanf("格式控制串",地址列表)
```

我们来看一个例子。

```
/* input_output.c */
#include<stdio.h>
int main()
{
    int i,j;
    float x,y;

    printf("Please enter two integers and two floating-point numbers: \n");
    scanf("%d%d%f%f",&i,&j,&x,&y);

    printf("%d %d %f %f\n",i,j,x,y);

    return 0;
}
```

程序的运行结果如下。

```
Please enter two integers and two floating-point numbers:
8 16 25.66 3.22e6
8 16 25.660000 3220000.000000
```

这个程序请用户输入 2 个整数、2 个浮点数，运行结果的第 1 行是用户输入的数据（下画线表明标注内容是用户输入的数据），scanf 函数把 8 读入变量 i，把 16 读入变量 j，把 25.66 读入变量 x，把 $3.22×10^6$ 读入变量 y；运行结果的第 2 行是 printf 函数对接收数据的格式化输出。

scanf 函数由格式串控制输入数据，调用时，scanf 函数从左边开始处理字符串中的信息。对于格式串中的每一个转换说明，scanf 函数自动从输入的数据中定位适当类型的项，并在必要时跳过空白字符。scanf 函数读入数据项，并在遇到不属于此项的字符时停止。如果读入数据项成功，那么 scanf 函数会继续处理格式串的剩余部分；如果某一项未能成功读入，scanf 函数将不再查看格式串的剩余部分（或者余下的输入数据）而立即返回。在寻找数的起始位置时，scanf 函数会忽略空白字符，包括空格符、水平和垂直制表符、换页符和换行符等。

```
Please enter two integers and two floating-point numbers:
8    16
25.66
3.22e6
```

```
8 16 25.660000 3220000.000000
```

因此采用上面的方式运行 input_output 程序，虽然数据输入的格式不一样，但输出完全一致，说明空格符、水平制表符和换行符都可以作为数据的分隔符。

scanf 函数遵循什么规则识别整数或浮点数呢？在要求读入整数时，scanf 函数首先寻找正号或负号，然后读取数字，直到读到一个非数字时停止。当要求读入浮点数时，scanf 函数会寻找一个正号或负号（可选），随后是一串数字（可能含有小数点），接着是一个指数（可选，字母 e 或 E），由可选的符号和一个或多个数字构成。当 scanf 函数遇到一个不属于当前项的字符时，会把此字符"放回原处"，以便扫描下一个输入项，或在下一次调用 scanf 函数时再次读入。

假设用户输入以下内容。

```
1-20.3-4.0e3■
```

用"scanf("%d%d%f%f",&i,&j,&x,&y);"语句读入，会发生什么情况？

第 1 个转换说明%d：第一个非空的输入字符是"1"，因为整数可以以"1"开始，所以 scanf 函数接着读取下一个字符"-"，scanf 函数识别出字符"-"不能出现在整数内，所以把"1"存入变量 i 中，而把字符"-"放回原处。

第 2 个转换说明%d：scanf 函数读取字符"-""2""0""."。因为整数不能包含小数点，所以 scanf 函数把"-20"存入变量 j 中，而把字符"."放回原处。

第 3 个转换说明%f：scanf 函数读取字符"."."3""-"。因为浮点数不能在数字后边有负号，所以 scanf 函数把"0.3"存入变量 x 中，而将字符"-"放回原处。

第 4 个转换说明% f：scanf 函数读取字符"-""4""."."0""e""3"和"■"（换行符），浮点数不能包含换行符，所以 scanf 函数把"$-4.0×10^3$"存入变量 y 中，而把换行符放回原处。

2.6.3　格式化输入中的普通字符

在 printf 函数中格式串的普通字符会被直接输出，转换说明会被相应的变量值替代，但如果在 scanf 函数中使用普通字符，会起到分隔不同变量的作用，即不采用默认的空格符、制表符、换行符分隔输入数据，因此，输入的格式串中慎用普通字符。

```c
/* input_output1.c */
#include<stdio.h>
int main()
{
    int num1,num2;

    printf("Please enter two integers:");
    scanf("%d,%d",&num1,&num2);

    printf("%d\t%d\n",num1,num2);

    return 0;

}
```

程序的运行结果如下。

```
Please enter two integers: 18 68
18      2252800
```

如果这个程序的输入如上所示，第 2 个变量 num2 就得不到正确的取值。

程序的正确运行结果如下。

```
Please enter two integers: 18,68
18      68
```

scanf 函数的格式串用逗号分隔了两个数据，所以用户实际输入的数据，就必须用逗号分隔，否则 scanf 函数会读入无效的数据。

我们可以根据需要，用普通字符分隔输入数据，这会产生一些特殊效果，请看下面的程序。

```c
/* addfrac.c */
#include<stdio.h>
int main()
{
    int num1,denom1,num2,denom2,result_num,result_denom;

    printf("Enter first fraction: ");
    scanf("%d/%d",&num1,&denom1);

    printf("Enter second fraction: ");
    scanf("%d/%d",&num2,&denom2);

    result_num=num1*denom2+num2*denom1;
    result_denom=denom1*denom2;

    printf("The sum is %d/%d\n",result_num,result_denom);

    return 0;
}
```

程序的运行结果如下。

```
Enter first fraction: 1/7
Enter second fraction: 2/5
The sum is 19/35
```

这个程序利用除号（/）作为分隔符，完成了分数加法的运算。结果没有化为最简分数，大家可以尝试改进这个程序。

🔍 **提示：** 对于本节的内容，读者可以参看慕课视频 3.3，通过视频熟悉相关内容。

2.7 结构化程序设计初探

结构化程序设计（structured programming）思想是将软件系统划分为若干功能模块，各模块按要求单独编程，再由各模块连接、组合构成相应的软件系统。该方法强调程序的结构性，可以做到易读、易懂。该方法思路清晰，做法规范，深受设计者青睐。

解决实际工程问题的时候，可以自定义函数，将较大的问题分解成较小的单元。把大问题分解成容易管理的小问题的过程，称为**分解**。分解是编程的一个基本策略，好的分解能使每个单元都具有概念上的整体性，但分解不当，会适得其反。

当需要编写一个程序时，通常从主函数开始。在主函数中，可以完整地考虑整个问题，勾画出程序需要的主要功能模块，并定义独立的函数实现它们。如果这些函数仍然复杂，可以再次分解，直到每个模块都足够简单、清晰，这是一个逐步求精的过程，在解决较为大型、复杂的问题时非常实用。为了便于初学者理解，下面的简单例子可以让大家初步体会函数在问题分解中的用处。

```c
/* power.c */
#include<stdio.h>

int power(int y,int m);      // 函数原型，计算 y 的 m 次幂的值

int main()
{
    int x=6,n=3;

    printf("%d power of %d equals: %d\n",x,n,power(x,n));
    printf("2 power of 8 equals: %d\n",power(2,8));
    printf("3 power of 4 equals: %d\n",power(3,4));

    return 0;
}

int power(int y,int m)
{
    int result=1;

    while(m>0){
        result=result*y;
        m=m-1;
    }

    return result;
}
```

程序的运行结果如下。

```
6 power of 3 equals: 216
2 power of 8 equals: 256
3 power of 4 equals: 81
```

这个程序的功能就是计算 y 的 m 次幂的值，主程序中会进行多次计算，如果每次计算都要重复写同样的代码，则很麻烦，所以我们可以把计算 y 的 m 次幂的问题分解出去，形成一个函数。这个程序分成了 4 个部分。

第 1 部分：通过 include 导入需要用到的系统函数原型。power.c 程序导入了包含标准输入输出函数原型的头文件 stdio.h。

第 2 部分：定义了需要在 main 函数里面用到的非系统库函数 power 的原型（prototype）。主函数只需知道子函数的原型（函数名、返回值类型、形式参数类型），不需要知道如何实现该子函数，就可以直接调用该子函数。

第 3 部分：主函数 main。根据实际需要计算的值，调用子函数 power，计算出需要的

结果，并进行输出。

第 4 部分：子函数 power 的实现。int power(int y,int m)语句中，int 表明该函数返回给主函数的值是一个整数，所以我们在 printf 函数的格式化输出串中用%d 转换说明，这样才能输出正确的整数结果。括号里面的变量 y 和变量 m 称为形式参数。花括号里面给出如何通过计算逻辑实现 y 的 m 次幂。在 main 函数里面调用 power 函数的时候，y 和 m 会被实际需要计算的数值替代，替代的数值就是实际参数。

关于函数的定义、形式参数和实际参数的用法，将在第 9 章详细说明。

> 🔍 提示：学习了函数（和指针）以后，读者可以参看慕课视频 14.2，更深入地体会结构化程序设计的思想。

2.8 程序调试初探

程序设计语言和自然语言一样有自己的词汇和句法规则，称为语法规则（syntax rule），它决定如何将程序的元素组合在一起。编译一个程序时，编译器首先检查程序的语法是否正确，若违反了语法规则，编译器将显示出错信息，这类错误被称为**语法错误**（syntax error）。当程序员从编译器得到一个语法错误信息时，其必须返回程序的编辑窗口，修改源程序中的错误。

出现语法错误会令人沮丧，初学者更容易犯此类错误，因此需要上机编写和调试程序，在实践中熟悉语法规则。然而语法错误还不是最令人沮丧的，很多程序运行失败不是因为语法错误，而是符合语法规则的程序给出了不正确的结果或根本给不出结果。检查程序会发现程序中有逻辑上的错误，这种错误被称为**逻辑错误**（bug）。找到并修改这种逻辑错误的过程称为**调试**（debug），它是程序设计中至关重要的一环。

调试就是指跟踪程序的运行过程，从而发现程序的逻辑错误（思路错误）或者隐藏的缺陷。在调试的过程中，我们可以监控程序的每一个细节，包括变量的值、函数的调用过程、内存中数据和线程的调度等，从而发现隐藏的逻辑错误或者低效的代码。

逻辑错误对初学者而言可能会非常难以觉察，自己确信程序正确，但随后又发现不能正确处理以前忽略的一些情况；或者在某个地方的假设被自己遗忘了。不用紧张，许多人都和你一样，哪怕最优秀的程序员也会经历这个阶段，发现并改正自己犯的逻辑错误是通往成功之路的铺垫。

下面在轻量级 C-Free IDE 中，以 power.c 程序为例，带领大家初步体验 C 语言程序的调试方法和调试界面。

用 C-Free 打开 power.c 程序，在源程序的编辑窗口中，单击程序标号的灰色区域就可以设置"断点"。如图 2-7 所示，我们在标号 10（第一个 printf 语句）前设置了一个红色断点。

单击"调试"菜单的"开始调试"选项（或者按"F9"键），程序就会在运行到断点处时停止运行，如图 2-8 所示。观察图 2-8 所示的 C-Free 界面，发现左下方的"环境"视图中显示当前正在运行 main 函数，因为断点设置在标号为 10 的语句前面，说明标号为 8 的赋值语句已经运行过了，所以我们可以看到"环境"视图中，main 函数中的变量 x 的值为 6，变量 n 的值为 3。右下方"调用栈"视图中显示当前运行 main 函数，运行到标号为 10 的这行语句。

图 2-7　设置断点后开始调试

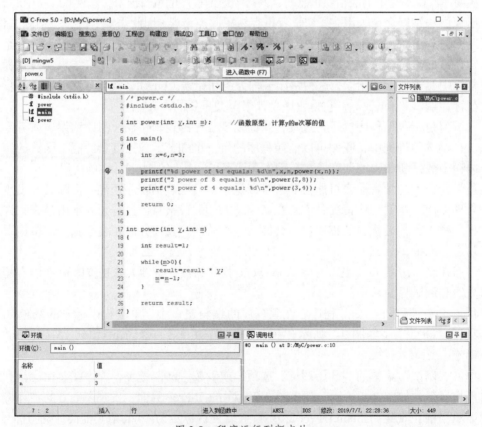

图 2-8　程序运行到断点处

把鼠标指针移动到上部最后一栏快捷按钮中部，在提示"进入函数中（F7）"按钮处单击，也可以直接按键盘上的"F7"键，就能进入 power 函数的内部，如图 2-9 所示。

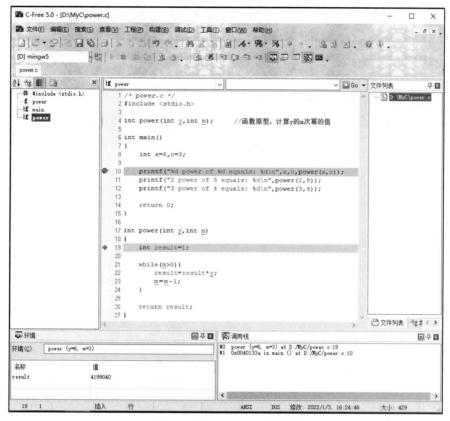

图 2-9 进入 power 函数内部

此时箭头指向标号为 19 的语句,表明 power 函数中的局部变量 result 还没有被初始化。观察图 2-9 左下方的"环境"视图,可知 result 的值为一个无意义的脏数据 4199040。观察图 2-9 右下方的"调用栈"视图,可知当前运行 power 函数,运行到了标号为 19 的语句处;而 main 函数的相关信息则被压入调用栈中,并且 main 函数运行到了标号为 10 的这行语句处,这一信息同样被压入调用栈中。

栈是一种先进后出的结构。当前活动的函数是 power,"环境"视图中只显示当前活动函数的局部变量 result 的值,以及形式参数 y 和 m 的值。

我们先来熟悉 4 个和调试有关的快捷按钮,按钮位置如图 2-10 中的矩形框所示。

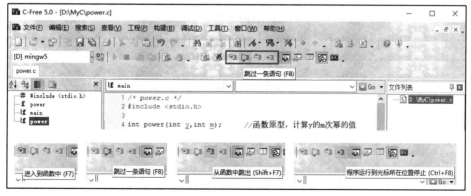

图 2-10 C-Free 中和调试有关的快捷按钮

第 1 个按钮为"进入函数中（F7）"，能帮我们进入需要调试函数的内部。

第 2 个按钮为"跳过一条语句（F8）"，能帮我们单步执行程序。

第 3 个按钮为"从函数中跳出（Shift+F7）"，能帮我们直接跳出被调试的函数，返回主函数。

第 4 个按钮为"程序运行到光标所在位置停止（Crtl+F8）"。

把鼠标指针移动到提示"跳过一条语句（F8）"的按钮处单击，也可以直接按键盘上的"F8"键，单步执行程序（标号前面的蓝色箭头指明当前将要运行的程序），如图 2-11 所示。

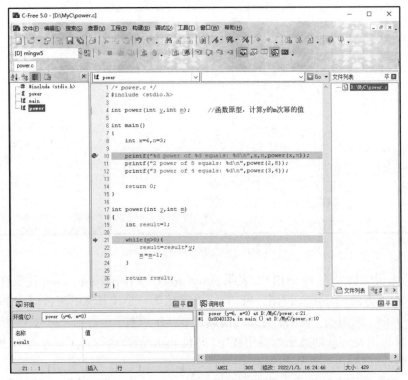

图 2-11　进入 power 函数内部单步执行程序

此时箭头指向标号为 21 的语句，表明标号为 19 的语句已执行完毕，因此，左下方"环境"视图中 result 的值为 1。此时可以继续按"F8"键单步执行程序，观察 result 的值的变化情况，以及"环境（C）"文本框中"power(y=6，m=?)"中 m 的值的变化情况。

对程序进行单步执行，能帮助我们更深入地理解程序是如何一步一步地执行的，同时也能帮助我们找到不符合需求的代码。

单步执行到标号为 26 的语句，继续按键盘上的"F8"键，单步执行 power 函数的 return 语句，就会回到主函数 main，如图 2-12 所示。

观察图 2-12 所示的 C-Free 界面，发现左下方"环境"视图中又恢复显示当前正在运行的 main 函数的信息，因此，我们又可以看到"环境"视图中，main 函数中变量 x 的值为 6，变量 n 的值为 3。

右下方"调用栈"视图中，显示当前运行 main 函数，运行到标号为 11 的这行语句。

因为程序单步运行到标号为 11 的语句处，说明标号为 10 的 printf 函数已经成功运行，我们观察黑色的命令行窗口，发现已经显示了标号为 10 的 printf 函数输出的信息，"6 power of 3 equals: 216"。

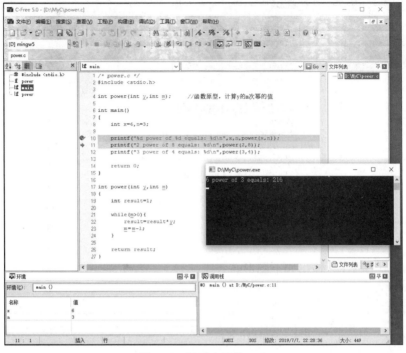

图 2-12　回到主函数 main

我们可以继续单步运行 main 函数，因为标号为 11 的语句也要调用 power 函数，所以可以有 2 个调试选择。

（1）单击"进入函数中（F7）"按钮，或者直接按键盘上的"F7"键，和刚才一样进入 power 函数体内部单步执行。

（2）单击"跳过一条语句（F8）"按钮，或者直接按键盘上的"F8"键，不进入 power 函数体内部，只单步执行 main 函数中的标号为 11 的语句，执行完了，蓝色箭头跳到标号为 12 的语句前面，运行结果显示在命令行窗口，如图 2-13 所示。

图 2-13　运行结果

⚠ **注意**：IDE 一般有一个 Dubug/Release 开关，用于在程序的调试状态和提交状态之间切换，如果程序在 IDE 中无法调试，说明关闭了调试开关。如图 2-14 所示，在 C-Free 中，Dubug/Release 开关位于"构建"菜单中。如果程序已经可以提交给用户了，则把它的状态设置为"Release"。

程序设计之旅已经开启，后续章节我们将陆续介绍 C 语言程序设计的细节，帮助读者掌握程序设计的技巧。

图 2-14　Dubug/Release 开关

习题 2

1. 编写一个程序，输出如下图形。

```
  *         *
   *       *
    *     *
     *   *
      * *
       *
```

2. 编写一个程序，用户以"月/日/年"的格式输入日期信息，但是程序以"年月日"的格式显示出来。程序的运行结果示例如下。

```
Enter a date (mm/dd/yyyy): 6/26/2019
You entered the date 20190626
```

3. 编写一个程序，要求用户输入一个人民币金额，然后显示如何用最少的 50 元、20 元、10 元、5 元和 1 元来付款。程序的运行结果示例如下。

```
Enter a amount of money: 298
50 Yuan: 5
20 Yuan: 2
10 Yuan: 0
5 Yuan: 1
1 Yuan: 3
```

4. 修改 2.6.3 小节的 addfrac.c 程序，使用户可以在一行输入两个分数。程序的运行结果示例如下。

```
Enter two fractions separated by a plus sign: 1/3+5/6
The sum is 21/18
```

第3章 数据类型

不同种类的信息统称为数据（data），数据是程序处理的基本对象。根据数据的不同性质和用途，可将数据分为不同的类型，不同的数据类型具有不同的存储长度、取值范围、允许的操作。不论我们使用的是整数、小数（浮点数）还是字符，编译器都需要知道数据的类型，不同类型数据的存储格式也不相同。

本章将介绍 C 语言常用的数据类型，包括整型、浮点型、字符型、布尔型、枚举型，并对与数据类型有关的 typedef 关键字和 sizeof 运算符进行介绍。

3.1 C 语言数据存储初探

在介绍 C 语言的数据类型之前，我们先来简单地介绍一下 C 程序的数据存储方式，这涉及编译器的一些知识，一开始不太容易理解，但随着学习和上机实践的深入，大家就能体会它对程序逻辑的影响，也能避免很多因为对数据作用域不清楚而造成的逻辑错误。C 程序在虚拟地址空间中的数据存储在 4 个不同的数据区：常量区、静态区、栈区和堆区。

1. 常量区

常量区存储了未被初始化使用的字符串常量（将在第 10 章详细说明）和被 const 修饰的符号常量（将在 3.2 节说明），其特点是只可被访问、不可被写入，生命周期与程序的运行周期一样长。但是并不是所有的常量都会被编译器放在常量区，因为编译器认为普通的整型、浮点型或字符型常量在使用时是可以通过**立即数**来实现的，没有必要额外存储到数据区，如此节省了存储空间和运行时的访问时间。

2. 静态区

静态区存储了全部的全局变量和所有被 static 修饰的变量（包括全局变量和局部变量），其特点是生命周期同程序的运行周期一样长，并且只被初始化一次，在编译之后就已完成。3.3.5 小节将详细介绍 static 关键字。

3. 栈区

栈区存储了所有自动存储（不加任何存储类型关键字修饰）的局部变量，其特点是生命周期很短，该类变量在所在函数被调用时有效，在函数运行时由操作系统分配，并在函数运行结束后回收。C-Free 界面右下方的"调用栈"视图（见 2.8 节），就显示了函数调用、返回时的相关信息；左下方的"环境"视图中显示了当前正在运行的函数的局部变量的信息，被调函数返回时，自动存储的局部变量就消失了。

4．堆区

堆区是由操作系统负责维护的大片内存池，需要在程序中调用 malloc 函数手动申请（将在第 12 章详细介绍），使用完毕后，还必须用 free 之类的函数手动释放，否则会造成严重的内存泄漏，如果内存被消耗完，可能会导致程序无法继续运行甚至死机。

3.2 常量

常量是指在程序运行过程中值不能被修改的量。"值不变"是区别常量与变量的本质。常量的定义看似简单，但是需要注意以下几点。

（1）常量的概念与表示。C 语言中的常量与数学上的常量类似，但 C 语言中的常量按照表示形式分为直接常量和符号常量。直接常量的表示方法与数学中常量的表示方法一致，容易理解。符号常量需要先定义（声明），再使用，通常采用**宏**或 **const** 关键字定义，相当于给常量取了一个别名。

（2）常量也可能占用内存空间。一个常见的误区是认为常量不占用内存空间。其实常量是否占用内存空间要视情况而定，**立即数**不占内存空间，但有些类型的常量是需要占用内存空间的。

3.2.1　直接常量

根据数据类型的不同，直接常量分为整型常量、浮点型常量、字符型常量、字符串字面量等。例如 0、−1、5000、3.1415926、'a'、'M'、"hello, world"等都是直接常量。有关整型、浮点型、字符型常量的格式和应用方式将在本章后续小节详细说明。

编译器认为普通的整型、浮点型或字符型常量在使用的时候是可以通过立即数来实现的，没有必要将其额外存储到数据区，因而不占用额外的存储空间。但是，编译器在处理字符串类型的直接常量时需要为其分配内存空间，用于存储该数据。

例如，2.4.1 小节 volume.c 程序中的"length=9;"语句中的常量 9 就是立即数，直接赋值给变量 length，不占用额外的存储空间。

3.2.2　宏常量

通过宏定义方式声明的符号常量为宏常量。简单的宏定义语法格式如下。

```
#define 标识符 替换列表
```

其中，标识符是这个宏定义的名字；替换列表是预处理器在预编译阶段用来替换该标识符的内容，可以是数字、字符常量、字符串字面量、运算符、标点符号等。当替换列表是一个具体数据时，这个宏定义中的标识符就是一个宏常量。在定义宏常量时，一种常见做法是使用大写字母作为标识符。示例如下。

```
#define PI 3.1415926     /* 宏常量 PI 代表数值 3.1415926 */
#define NUM 1000         /* 宏常量 NUM 代表数值 1000 */
```

```
#define CR '\r'          /* 宏常量CR代表字符'\r' */
```

宏的替换列表可以包含对另一个宏的调用。下面的例子用前面定义的宏常量PI定义了宏 TWO_PI，这可被视为宏常量更高阶的用法。

```
#define TWO_PI (2*PI)
```

为什么要使用宏常量呢？初学者会感觉宏常量的用法可能把简单事情复杂化了，不如用直接常量来得简单明了。其实，在编程时恰当地使用宏常量会带来很多优点。

1．增加程序可读性

例如，在程序中，宏常量 NUM 比直接写 1000 更有助于读者理解该常量的意义。

2．程序更易于修改

如果采用了宏常量，则仅需改变相关的宏定义，就可以改变整个程序中使用了该常量的值。例如，在程序中让宏 PI 参与圆面积、圆周长的计算。当圆周率的精度需要调节时，如计算精度只需要保留小数点后两位，此时圆周率只需取 3.14 就可以，无须取 3.1415926。此时，只用修改定义 PI 的宏定义即可。相比而言，如果程序中圆周率采用直接常量 3.1415926，则需要遍历所有的 3.1415926 进行替换。如果程序由多个 C 文件组成，则查找、替换更加不便。

3．降低书写错误的可能性

采用宏常量有助于降低前后不一致或数据输入错误的可能性。例如，圆周率在编程过程中可能被意外地错写成 3.14596 或 3.14195 等。书写的次数越多，出现错误的可能性就越高。采用宏常量的编程方式，只在宏定义的地方书写一次，这样能有效降低出错的概率。

初学者在定义宏常量时容易犯以下错误。

（1）在宏定义的标识符后面使用赋值符，示例如下。

```
#define NUM = 1000   /* 错误写法 */
```

按照这个宏定义的写法，预处理器会用"=1000"替换遇到的宏 NUM，而不是用 1000 替换宏 NUM。在程序中，所有原本应该用具体数值替换 NUM 的地方，都变成了"= 1000"，从而导致编译报错。宏定义是在预处理的时候被替换的，因此不能直接找到错误的根源。

（2）在宏定义的末尾使用分号，示例如下。

```
#define NUM 1000;   /* 错误写法 */
```

按照这个宏定义的写法，预处理器会用"1000;"替换遇到的宏 NUM，而不是用 1000 替换宏 NUM。在程序中，所有原本应该用具体数值替换 NUM 的地方，都变成了"1000;"，从而导致编译报错。

> 🔍 提示：除了定义宏常量，宏还有很多其他的用法和功效，随着上机实践的深入，读者可以参看慕课视频 13.2 进行扩展学习。

3.2.3　const 关键字

C 语言可以声明常量，const 关键字可以和任何声明变量的类型一起使用，以实现符号常量。由于常量一旦被创建，其值就不能改变，因此符号常量必须在声明的同时赋值（初始化），后面任何的赋值行为都将引发错误。示例如下。

```
const float PI=3.14;
const int TRUE=1;
const int FALSE=0;
```

在上述声明之后，PI、TRUE、FALSE 为符号常量，程序中不能对 PI、TRUE、FALSE 的值进行修改，执行以下操作都会引发错误。

```
PI=3.14159;
TRUE=0;
FALSE=1;
```

需要说明的是，const 在声明常量数组时非常有用。

3.3　变量

3.3.1　变量的声明

我们在 2.4.1 小节讨论过变量的用法，变量的数值在程序执行过程中可以改变。相比之下，常量不一定会占用存储空间，比如 0、-1、5000 这类立即数的直接常量，编译处理后直接在代码中给出，因此不占用存储空间。但是每个变量必然占用一定的存储空间，该存储空间存放变量的值。

C 语言中，变量需要先声明再使用。声明在 C 语言中起着非常重要的作用，声明为编译器提供了相关标识符的含义信息，下面的语句告诉编译器，标识符 i 表示当前作用域内数据类型为 int 的变量。如果没有事先声明就使用变量，程序编译的时候会报错，提示该变量没有被定义。

```
int i;
```

变量声明的语法格式如下。

```
[存储类型] 数据类型 变量名1[,变量名2,…,变量名n];
```

其中，方括号里的内容为可选项，根据实际需要进行选择。例如，static 就是常用的存储类型。一般的变量声明可以不写这部分，只写出数据类型和变量名即可。声明变量的数量也根据实际需要决定，变量之间用逗号分隔。有关 static 存储类型，在 3.3.5 小节将详细介绍。

例如，声明一个整型变量 sum，声明语句如下。

```
int sum;          /* sum 被声明为一个整型变量 */
```

如果想同时声明几个相同数据类型的变量，可以用逗号分隔变量，示例如下。

```
int i,sum,count;   /* i、sum、count 被声明为整型变量 */
```

C 语言允许在声明变量的同时对变量进行赋值。这个赋值过程称为变量的初始化，语法格式如下。

```
[存储类型] 数据类型 变量名 1=初始值 1[,变量名 2=初始值 2,…,变量名 n];
```

例如，以下语句声明了 i、sum、count 这 3 个整型变量，并且在声明整型变量 sum 的同时对其进行了赋值，将 0 赋给 sum。

```
int i,sum=0,count;
```

3.3.2 变量的空间维度和时间维度

变量具有空间维度和时间维度。在空间维度上，当变量在程序的某个部分被声明时，它只能在程序的一定区域才能被访问，这个可访问区域由变量的作用域（scope）决定。常见的变量作用域有文件作用域、函数作用域、代码**块**作用域。**块**（block）表示函数体（花括号包含的部分）或者复合语句（把多个语句用花括号括起来组成的一个代码块称为复合语句），复合语句的用法将在第 5 章和第 6 章详细说明。

在时间维度上，变量的存储期限决定了为变量预留和释放内存的时间区间。具有**自动存储期限**的变量（也称为自动变量），在所属块被执行时才被创建并获得内存单元，当执行完该代码块时，这些自动变量被自动销毁。如果该代码块被多次执行，例如一个函数被反复调用，这些自动变量每次都被重新创建，并且在代码块终止时自动释放内存单元。因此，自动变量在代码块执行完毕后就失效了，再次执行该代码块，它的值也和上次执行无关。

而具有**静态存储期限**的变量在程序运行期间占有同一个存储单元，系统允许该变量一直保留它的值，除非你主动修改这个变量的值。

3.3.3 全局变量

在空间维度上，根据变量的作用范围，变量分为全局变量和局部变量。

在函数外定义的变量称为全局变量。全局变量对于本文件中所有函数都可见，可以被所有函数共用。

```
/* globle.c */
#include<stdio.h>

int i=1;        /* 全局变量 */

void fun()
{
    i=i+2;
}

int main()
{
    printf("NO. %d \n",i);

    fun();

    printf("i=%d\n",i);

    return 0;
}
```

程序的运行结果如下。

```
NO. 1
i=3
```

globle.c 程序中的 i 为全局变量，对于 main 函数和 fun 函数都可见。因为 main 函数是程序的入口，所以首先执行 main 函数中的第一个语句，输出的 i 值就是全局变量被赋予的初始值 1。然后调用 fun 函数，在 fun 函数中"i=i+1;"语句操纵的也是全局变量 i，全局变量 i 的值被修改为 3，因此，第二个 printf 语句输出的 i 值为 3。main 和 fun 函数访问的是同一个内存区域，对它的修改也互相可见。

全局变量的作用域是从变量声明的那处开始直到本文件的末尾。全局变量的存储期限在内存分配之后，一直保留到程序结束。在变量命名方面，为了便于程序阅读，建议尽量给全局变量起一个便于理解的名字。

3.3.4 局部变量

在函数体内声明的变量称为该函数的局部变量，它只在该函数范围内有效，在该函数范围外看不到这个变量的存在。局部变量的作用域是从变量声明开始直到所在函数体的末尾。局部变量默认的存储期限是**自动存储期限**，局部变量的内存单元在包含该变量的函数被调用时由系统自动分配，在函数结束时自动释放。

```
/* add.c */
#include<stdio.h>
int add(int a,int b)
{
  int result;          /* 局部变量 */

  result=a+b;          /* 修改只在 add 函数内有效 */

  return result;
}
int main()
{
  int x=6,y=3;

  printf("%d add %d equals: %d\n",x,y,add(x,y));

  return 0;
}
```

程序的运行结果如下。

```
6 add 3 equals: 9
```

add.c 程序中，add 函数中定义的变量 result 只对 add 函数可见，对 main 函数不可见，如果 main 函数需要得到 result 的值，可以在 add 函数中用 return 语句返回，这样就能将 result 的值传给调用 add 函数的 main 函数。

3.3.5 static 关键字

本小节针对变量的时间维度，重点讲解 static 关键字。C 语言支持 4 种存储类型：static、auto、extern 和 register。static 可用于局部变量和全局变量，称为静态局部变量、静态全局变量，两者具有不同效果。使用 static 关键字的一般语法格式如下。

```
static 类型名 变量名;
```

1．静态局部变量

在局部变量声明中使用关键字 static 可以使局部变量具有静态存储期限，即这样的局部变量在整个程序执行期间都拥有存储空间，因而变量的值一直存在。

> **注意**：使用 static 关键字会影响变量的存储期限（时间维度），但是不会影响其作用域（空间维度）。静态局部变量仍然是局部变量，只是其存储空间不会在函数返回时被收回。

```c
/* add1.c */
#include<stdio.h>
int add()
{
    int data1=0;              /* 局部变量 */
    static int data2=1;      /* 静态局部变量 */

    dàta1=data1+2;
    data2=data2+4;

    return(data1+data2);
}

int main()
{
    int i=1;
    printf("NO.%d:",i);
    printf("%d\n",add());

    i=2;
    printf("NO.%d:",i);
    printf("%d\n",add());

    i=3;
    printf("NO.%d:",i);
    printf("%d\n",add());

    return 0;
}
```

程序的运行结果如下。

```
NO.1:7
NO.2:11
NO.3:15
```

为了对比普通局部变量和静态局部变量的存储期限和作用范围，add1.c 程序的 main 函数 3 次调用 add 函数，而 add 函数包含一个局部变量 data1 和一个静态局部变量 data2，并且都在变量声明时进行了初始化。

add 函数中的局部变量 data1 每次都会在函数返回时被收回分配的存储空间，在下次函数调用时又再次分配存储空间和初始化，因而每次调用 add 函数，data1 的值都从 0 开始。

data2 为静态局部变量，在整个程序执行期间都拥有存储空间，只被初始化一次。当第 1 次调用 add 函数时，data2 的存储空间即被分配，并且在第 1 次运行 add 函数结束之前，存储空间的数值为 5。当第 2 次调用 add 函数时，data2 的值来自对应的被保留的存储空间，此时数值为 5，这时初始化语句 "static int data2=1;" 不再发挥作用。第 2 次运行 add 函数结束之前，data2 存储了数值 9。第 3 次调用 add 函数类似，在运行 add 函数结束之前，data2 存储了数值 13。无论是局部变量 data1 还是静态局部变量 data2，作用域都仅限 add 函数，它们对 main 函数不可见。

2．静态全局变量

全局变量的作用域是从变量声明的那处开始直到本文件的末尾。与全局变量类似，静态全局变量的存储期限也是在内存空间分配之后，一直保留到程序结束。但是，静态全局变量只在声明它的文件内可见，对同一文件内的函数可见，对其他文件中的函数不可见，能避免被其他文件访问，实现了信息的隐藏。静态全局变量属于 C 语言的高级应用，初学者有初步印象就可以，以后用到的时候再去细究。

> 🔍 **提示**：随着上机实践的深入，读者可以参看慕课视频 10.1、10.2 来扩展学习。

3.4 整型

3.4.1 整型变量

在多数情况下，使用的是 int 型整数，它代表计算机系统能够使用的标准类型整数，可通过关键字 short、long 与 signed、unsigned 组合，构造几种不同类型的整数，并且关键字 signed 通常被省略掉，即用 short int、int、long int 表示有符号整数，用 unsigned short int、unsigned int、unsigned long int 表示无符号整数。C 语言允许省略与 short 和 long 搭配的 int，进一步简化整型的名字，即 short int 和 unsigned short int 可以分别简化为 short 和 unsigned short，而 long int 和 unsigned long int 可以分别简化为 long 和 unsigned long。

在计算机中，整数以二进制形式表示。根据二进制位中是否设置符号位，整数分为有符号整数和无符号整数，如图 3-1 所示。

1．有符号整数

对于有符号整数，如果数为正数或 0，那么最左边的二进制位（符号位）为 0，如果是负数，该符号位为 1。图 3-1（a）所示的是 32 位的有符号整数，其数值的范围为 $-2^{31} \sim 2^{31}-1$。

2．无符号整数

对于无符号整数，最左边的二进制位不再视为符号位，而是与其他二进制位一样，用于表示数值。图 3-1（b）所示的是 32 位的无符号整数，其数值的范围为 $0 \sim 2^{32}-1$。无符号整数主要用于系统编程和低级的、与机器相关的应用。

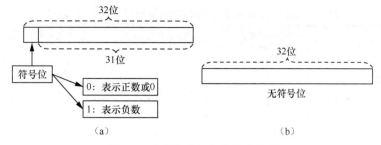

图 3-1 有符号整数和无符号整数

在编写 C 语言程序时，需要选择合适的关键字用于整型变量的声明，示例如下。

```
int i;                  /* 声明 i 为 int 型的整型变量 */
unsigned long num;      /* 声明 num 为 unsigned long 型的长整型变量 */
```

不同类型的整数表示的数据范围存在差异，C 语言没有强制约定每种类型整数的表示范围，而是由编译器决定，因而即使是相同类型的整数，比如 int 型的整数，在不同计算机上，其范围也可能不同。这在移植 C 语言程序时需要特别留意，否则可能有数据溢出的风险。对于某个确定的编译器，可以查看标准库中的 limits.h 文件，该文件包含针对不同数据类型数值范围的宏定义。例如，C-Free 5.0 的 include 目录下的 limits.h 文件里有如下宏定义，反映了该编译器对 int、short 型数据范围的约定。

```
...
/* int 型数据的最大值和最小值 */
#define INT_MAX       2147483647
#define INT_MIN       (-INT_MAX-1)
/* 无符号 int 型数据的最大值 */
#define UINT_MAX  0xffffffff

/* short 型数据的最大值和最小值 */
#define SHRT_MAX 32767
#define SHRT_MIN (-SHRT_MAX-1)
#define USHRT_MAX 0xffff
...
```

表 3-1 列出了 16 位计算机上不同类型的整数常见的取值范围。表 3-2 列出了 32 位计算机上不同类型的整数常见的取值范围。表 3-3 列出了 64 位计算机上不同类型的整数常见的取值范围。

表 3-1　16 位计算机上不同类型的整数常见的取值范围

关键字	二进制位数	最小值	最大值
short	16	−32768	32767
unsigned short	16	0	65535
int	16	−32768	32767
unsigned int	16	0	65535
long	32	−2147483648	2147483647
unsigned long	32	0	4294967295

表 3-2　32 位计算机上不同类型的整数常见的取值范围

关键字	二进制位数	最小值	最大值
short	16	−32768	32767
unsigned short	16	0	65535
int	32	−2147483648	2147483647
unsigned int	32	0	4294967295
long	32	−2147483648	2147483647
unsigned long	32	0	4294967295

表 3-3　64 位计算机上不同类型的整数常见的取值范围

关键字	二进制位数	最小值	最大值
short	16	−32768	32767
unsigned short	16	0	65535
int	32	−2147483648	2147483647
unsigned int	32	0	4294967295
long	64	−9223372036854775808	9223372036854775807
unsigned long	64	0	18446744073709551615

　　由表 3-1、表 3-2、表 3-3 可知，不同类型的整数在不同位数的计算机上的取值范围存在差异。然而，C 语言要求 int 型的数据范围不能比 short 型的小，而 long 型的数据范围不能比 int 型的小。

　　C99 增加了 long long int 和 unsigned long long int 两种类型，也可以简化为 long long 和 unsigned long long，但是是否支持这两种类型要看具体的编译器。long long 和 unsigned long long 都表示 64 位二进制数，具体表示范围可参考表 3-3 中 long 和 unsinged long 的范围。

3.4.2　整型常量

　　在编写 C 语言程序时，整型常量常涉及不同进制的表示形式。C 语言允许用十进制、八进制和十六进制表示整型常量。

1．不同进制的整数

（1）八进制整数

必须以 0 开头，只包含 0～7 中的数字，每一位表示一个 8 的幂。例如，八进制数 0237 转换成十进制数为 $2×8^2+3×8^1+7×8^0=128+24+7=159$。

（2）十进制整数

一定不能以 0 开头，只包含 0～9 中的数字，每一位表示一个 10 的幂。

（3）十六进制整数

必须以 0x 或 0X 开头，只用 0～9 和 A～F（或者 a～f），其中字母 A～F（或者 a～f）分别表示十进制的 10～15。十六进制数的每一位表示一个 16 的幂。例如，十六进制数 0x1AF 转换成十进制数为 $1×16^2+10×16^1+15×16^0=256+160+15=431$。

　　由此可见，C 语言中八进制数、十进制数、十六进制数的表示有明显区别，因而在程序中很容易区分常量是哪种进制的整型常量。

2. 不同进制数间的转换

（1）十进制转换为二进制

方法：整数和小数分开进行。

整数部分：除 2 取余（从下往上取）。

小数部分：乘 2 取整（从上往下取）。

例如：$(121.125)_{10}=(1111001.001)_2$（计算方法如图 3-2 所示）。

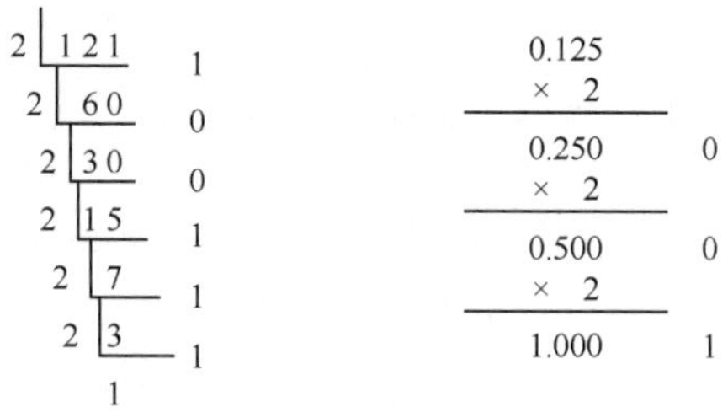

图 3-2　十进制转换为二进制

（2）十进制转换为八进制

方法：整数和小数分开进行。

整数部分：除 8 取余（从下往上取）。

小数部分：乘 8 取整（从上往下取）。

例如：$(171.375)_{10}=(253.3)_8$（计算方法如图 3-3 所示）。

图 3-3　十进制转换为八进制

（3）十进制转换为十六进制

方法：整数和小数分开进行。

整数部分：除 16 取余（从下往上取）。

小数部分：乘 16 取整（从上往下取）。

例如：$(171.375)_{10}=(AB.6)_{16}$（计算方法如图 3-4 所示）。

图 3-4　十进制转换为十六进制

（4）二进制转换为八进制

方法：整数从右至左，3 位一部分，不足添 0；小数从左至右，3 位一部分，不足添 0。

例如：$(10011101)_2=(235)_8$；$(1011100110.1001)_2=(1346.44)_8$。

（5）八进制转换为二进制

方法：八进制 1 位对二进制 3 位展开即可。

例如：$(475)_8=(100111101)_2$。

数据类型　第 3 章

（6）二进制转换为十六进制

方法：整数从右至左，4位一部分，不足添0；小数从左至右，4位一部分，不足添0。

例如：$(10111001101.100111)_2=(5CD.9C)_{16}$。

（7）十六进制转换为二进制

方法：十六进制1位对应二进制4位展开即可。

例如：$(4B2.3)_{16}=(10010110010.0011)_2$。

3.4.3　整数溢出

表3-1、表3-2、表3-3中的关键字常用于整型变量声明，实际上，整型常量与这些关键字也有一定的对应关系。默认的十进制整型常量，比如1000、-300等，编译器一般会处理成int型常量。如果需要强制编译器将整型常量处理为long型（长整型）常量，则需要在整数后面加上字母L（或小写l），示例如下。

```
1000L 10001 -300L
```

为了指明常量是无符号整型常量，需要在整数后面加上字母U（或小写u），示例如下。

```
1000U 1000u
```

字母L（或小写l）和字母U（或小写u）可以结合使用，用于表示无符号长整型常量。两者的先后顺序和大小写在C语言中没有限制，例如以下书写方式都可以。

```
1000UL 1000ul 1000LU 1000lu 1000uL 1000Ul
```

当对整型数执行算术运算时，其结果有可能超出整型数的表示范围。当两个整型数进行算术运算时，其结果必须表示为整型数。如果运算结果太大而不能表示时，就会发生溢出。

整型数溢出发生时的表现取决于操作数是有符号的还是无符号的：有符号整数运算发生溢出时，程序的行为是没有定义的（不确定的）；无符号整数运算发生溢出时，运算的结果是有定义的（确定的），即为实际运算结果的模除以2^n得到的结果，其中n是存储运算结果的位数。

3.4.4　读写整数

在2.4节和2.6节中介绍了格式转换说明%d的用法，%d只适用于int型的十进制整数。读写无符号整数，用u、o或x替代转换说明中的d，示例如下。

```
unsigned int u;
scanf("%u",&u);         //输入无符号十进制整数
printf("%u",u);         //输出无符号十进制整数
scanf("%ou",&u);        //输入无符号八进制整数
printf("%ou",u);        //输出无符号八进制整数
scanf("%xu",&u);        //输入无符号十六进制整数
printf("%xu",u);        //输出无符号十六进制整数
```

读写短整数，在d、u、o或x前加h，示例如下。

```
scanf("%hu",&u);          //输入无符号十进制短整数
printf("%hu",u);          //输出无符号十进制短整数
scanf("%ho",&u);          //输入八进制短整数
printf("%ho",u);          //输出八进制短整数
scanf("%hx",&u);          //输入十六进制短整数
printf("%hx",u);          //输出十六进制短整数
```

读写长整数，在 d、u、o 或 x 前加 l，示例如下。

```
scanf("%lu",&u);          //输入无符号十进制长整数
printf("%lu",u);          //输出无符号十进制长整数
scanf("%lo",&u);          //输入八进制长整数
printf("%lo",u);          //输出八进制长整数
scanf("%lx",&u);          //输入十六进制长整数
printf("%lx",u);          //输出十六进制长整数
```

下面的程序使用格式转换说明，可以显示不同进制整数的转换效果。

```
/* convert.c */
#include<stdio.h>
int main(void)
{
    printf("%5d %5x %5o\n",125,125,125);
    printf("%5d %5x %5o\n",045,045,045);
    printf("%5d %5x %5o\n",0xFF,0xFF,0xFF);
    return 0;
}
```

程序的运行结果如下。

```
 125    7d   175
  37    25    45
 255    ff   377
```

下面的程序通过输入不同范围的数值，可以显示整数的溢出效果。

```
/* int_overflow.c */
#include<stdio.h>
int main()
{
   short i;
   printf("Please input a short integer i:");
   scanf("%hd",&i);
   printf("i=%d\n",i);

   long j;
   printf("Please input a long integer j:");
   scanf("%ld",&j);
   printf("j=%ld\n",j);

   return 0;
}
```

　　程序运行后，提示输入 i 时，用键盘输入 "3000"，观察运行结果；提示输入 j 时，用键盘输入 "2001122333"，观察运行结果。交换一下，对 i 输入 "2001122333"，对 j 输入

"3000"，观察运行结果与之前的运行结果有什么不同，分析一下原因。

🔍 提示：对于本节的内容，读者可以通过慕课视频 7.1 进行巩固。

3.5 浮点型

3.5.1 浮点型的表示

C 语言的浮点型可用于表示带有小数点的数。在数的表示范围方面，浮点型可以表示极小或者极大的数。在计算机中，浮点型的数（简称浮点数）以科学记数法表示。C 语言支持 3 种类型的浮点数：单精度浮点数、双精度浮点数、扩展双精度浮点数。

由于不同的计算机可以用不同的方法存储浮点数，所以 C 语言标准没有明确约定每种类型的浮点数的具体精度。大多数现代计算机和工作站都遵循 IEEE 754 标准。例如，单精度浮点数遵从 IEEE R32.24 标准，占用 32 个二进制位；双精度浮点数遵从 IEEE R64.53 标准，占用 64 个二进制位。遵从 IEEE 标准的浮点数以科学记数法的形式存储，其二进制表示由 3 部分构成：符号位、指数位和小数部分。其中符号位位于二进制位最左边，0 代表非负浮点数，1 代表负的浮点数。

如图 3-5 所示，单精度浮点数的 32 个二进制位中，符号位为 1 位，指数位为 8 位，而小数部分占了 23 位。由于指数位数越多，能表示的浮点数越大，所以指数位数决定了浮点数的大小范围。单精度浮点数能表示的最大值大约是 3.40×10^{38}。小数部分决定了浮点数的精度，因为小数位数越多，能达到的精度就越高。小数部分的 23 个二进制位，能表示十进制数的最小间隔为 $1/(2^{23})$，达到 7 位十进制数，但计算精度有保障的只有十进制数的 6 位，因而单精度浮点数的计算精度是小数点后 6 位十进制数。

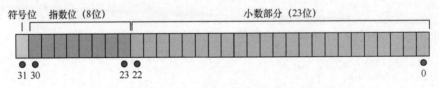

图 3-5　遵循 IEEE 754 标准的单精度浮点数的格式

如图 3-6 所示，双精度浮点数的 64 个二进制位中，符号位为 1 位，指数位为 11 位，而小数部分占了 52 位。与单精度浮点数类似，指数位数决定了浮点数的大小范围，小数部分决定了浮点数的精度。双精度浮点数能表示的最大值大约是 1.797×10^{308}。小数部分有 52 个二进制位，计算精度有保障的只有十进制数的 15 位，因而双精度浮点数的计算精度是小数点后 15 位十进制数。

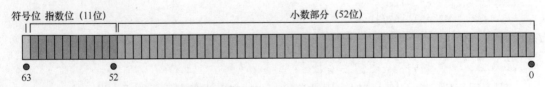

图 3-6　遵循 IEEE 754 标准的双精度浮点数的格式

3.5.2　浮点变量

C 语言支持以下 3 种浮点型的关键字。

float：单精度浮点型，适合对精度要求不高的浮点数。

double：双精度浮点型，为大部分的程序提供了足够的精度。

long double：扩展双精度浮点型，很少使用。

在编写 C 语言程序时，需要选择合适的关键字用于浮点变量的声明，示例如下。

```
float score;    /* 声明 score 为单精度浮点变量 */
double d;        /* 声明 d 为双精度浮点变量 */
```

表 3-4 所示为根据 IEEE 标准实现的浮点类型数据范围。对于不遵循 IEEE 标准的计算机，表 3-4 不适用。

表 3-4　IEEE 标准实现的浮点类型数据范围

浮点型	二进制位数	最小正值	最大值	精度（十进制位数）
float	32	$1.17549×10^{-38}$	$3.40282×10^{38}$	6
double	64	$2.22507×10^{-308}$	$1.79769×10^{308}$	15

3.5.3　浮点常量

浮点常量必须包含小数点或指数。如果有指数，必须在指数数值前放置字母 E（或小写 e），指数数值是 10 的幂。可选符号+或-出现在字母 E（或小写 e）的后边。例如 99.0 可以写成如下形式。

```
99.0 99. 99.0e0 99E0 9.9e1 9.9e+1 .99e2 990.e-1
```

由此可见，除了习惯使用的小数点表示方式外，C 语言中的浮点常量可以有多种书写方式。默认情况下，C 语言中的浮点常量都以双精度浮点数的形式存储。如果只需要单精度，可以在浮点常量后面加上字母 F（或小写 f），例如 99.0F 或 99.0f。为了表明必须以 long double 格式存储，可以在浮点常量后面加上字母 L（或小写 l），例如 99.0L 或 99.0l。请注意区别这里与整型常量后面加上字母 L（或小写 l）的情况。

此外，计算机中的浮点数往往只是实际值的近似值。由于浮点数存在精度丢失问题，因此 C 语言中浮点数参与的运算可能存在误差。

下面的程序把同样的数值分别赋给 double 型变量和 float 型变量，从运行结果可以看出浮点数误差。

```
/* ferror.c */
#include<stdio.h>
int main()
{
    float f;
    double d;
    f=123456789;
    d=123456789;
    printf("f=%f\n",f);
    printf("d=%f\n",d);
    return 0;
}
```

程序的运行结果如下。

```
f=123456792.000000
d=123456789.000000
```

大家期待单精度浮点型变量 f 的运行结果是 123456789.000000，然而 f 的实际运行结果为 123456792.000000，这个就是浮点数误差。而双精度浮点型变量 d 的运行结果是 123456789.000000。通过此例，读者可以初步体会到双精度浮点型比单精度浮点型在表示数时具有更高精度。

3.5.4　读写浮点数

1．单精度浮点数（float 型数）

转换说明：%f、%e、%g 可用于 scanf 和 printf 函数。

2．双精度浮点数（double 型数）

scanf 的转换说明：%lf、%le、%lg。
printf 的转换说明：%f、%e、%g。

3．扩展双精度浮点数（long double 型数）

scanf 的转换说明：%Lf、%Le、%Lg。
printf 的转换说明：%Lf、%Le、%Lg。

> 说明：对于 float、double 型，printf 函数均采用转换说明%f、%e、%g；double 型还可以在 printf 函数中使用%lf、%le、%lg 表示，但字母 l 不起作用。

> 提示：对于本节的内容，读者可以通过慕课视频 7.2 进行巩固。

3.6　字符型

3.6.1　字符型的表示

C 语言中常量和变量都有字符型的表示，即字符常量、字符变量。无论是字符常量还是字符变量，字符的表示方法是一致的，不同的计算机可能会有不同的字符集。

目前最常用的是 ASCII 字符集，在 ASCII 字符集中，用 7 位二进制代码表示 128 个字符，取值范围是 0000000～1111111，对应十进制整数 0～127，可以参看附录中的 ASCII 字符集。C 语言编程常用的 ASCII 字符集的字符包括小写英文字符（'a'～'z'）、大写英文字符（'A'～'Z'）、数字字符（'0'～'9'）、换行符（'\n'）、制表符（'\t'）等。

ASCII 常被扩展为用 8 位二进制代码表示 256 个字符，称为 Latin-1，提供一些西欧语言和非洲语言所需的字符。

在学习字符型时需要注意：C 语言按整数方式处理字符。例如，字符常量'a'对应十进制整数 97，字符常量'A'对应十进制整数 65，'0'对应十进制整数 48。由于字符和整数之间的这种对应关系，C 语言将整型和字符型都视为整型。

3.6.2 字符常量

字符常量必须用单引号引出，通常仅包含一个字符，例如，'a'、't'、'f'、'0'或'9'等。强调一下，字符常量用**单引号**括起来，而字符串字面量用**双引号**括起来。读者注意区分字符串与字符，有关字符串的内容可参考本书第 10 章。另外，单引号不能遗漏。例如，'0'与 0 是不同的，'0'对应数值 48，而不是 0。

有一些特殊字符无法采用'a'、't'、'f'、'0'或'9'这种书写方式。例如，换行符要写成'\n'、制表符要写成'\t'等，这是 C 语言的转义序列（escape sequence）表示方法。请注意，虽然转义序列的表示方法用单引号包含多个符号，比如换行符'\n'、制表符'\t'等，但是它们仍然是一个字符。转义序列有两种：字符转义序列和数字转义序列。表 3-5 所示为字符转义序列。

表 3-5　字符转义序列

名称	转义序列	名称	转义序列	名称	转义序列
警报（响铃）符	\a	回退符	\b	换页符	\f
换行符	\n	回车符	\r	水平制表符	\t
垂直制表符	\v	反斜杠	\\	问号	\?
单引号	\'	双引号	\"		

由表 3-5 可知，字符转义序列没有包含所有无法输出的 ASCII 字符，所以还需要数字转义序列。数字转义序列可以表示任何字符。对于特殊字符，数字转义序列使用这些字符在 ASCII 字符集中对应十进制整数的八进制或十六进制数值，分别称为八进制转义序列和十六进制转义序列。

1．八进制转义序列

八进制转义序列由\和其后的一个八进制数组成，这个八进制数最多包含 3 位数字。例如，转义字符 esc 在 ASCII 字符集中对应十进制整数 27，转换为八进制数值为 033，因此，转义字符 esc 可以写成\33 或\033。注意：与之前在 3.4.2 小节中的八进制整型常量的表示方法不同，转义序列中的八进制数没有约定必须以 0 开头，因此写成\33 或\033 都可以。

2．十六进制转义序列

十六进制转义序列由\x 和其后的一个十六进制数组成。例如，转义字符 esc 在 ASCII 字符集中对应十进制整数 27，转换为十六进制数值为 0x1b。因此，转义字符 esc 可以写成 \x1b 或\x1B。

作为字符常量使用时，转义序列必须用一对单引号括起来。例如，一个表示转义字符 esc 的字符常量可以写成'\33'或 '\x1b'。为了增加程序的可读性，可以考虑采用宏定义给转义字符的字符常量命名。例如，将表示转义字符 esc 的字符常量定义成宏常量 ESC。

```
#define ESC '\33'
```

> 🔍 提示：字符常量不同于字符串常量。有关字符串常量的内容可参考本书 10.1 节。

3.6.3 字符变量

C 语言支持 char 关键字，将一个变量声明为字符变量。示例如下。

```
char ch;    /* 声明 ch 为字符变量 */
```

char 型类似整型，存在有符号和无符号两种，有符号字符通常的取值范围是−128～127，无符号字符的取值范围是 0～255。C 语言允许使用关键字 signed 和 unsigned 来修饰 char 型，即 signed char 和 unsigned char，而 signed char 又可以简化为 char。示例如下。

```
char ch1;
unsigned char ch2;
```

字符常量实际上是 int 型的，而不是 char 型的。当程序中出现字符常量时，C 语言使用它在 ASCII 字符集中对应的整数值，如下面的例子。

```
char ch;
int i;
i='a';      /* i 的值是 97 */
ch=65;      /* ch 的值是 65, 对应字符'A' */
```

上面这段代码与下面的代码效果一致。

```
char ch;
int i;
i=97;
ch='A';
```

3.6.4 字符处理函数

此小节介绍一些常用的字符处理函数。

1．toupper 函数：小写字母转换成大写字母

```
char ch1,ch2;
ch2=toupper(ch1);
```

如果字符 ch1 的值是小写字母，则 toupper 函数将其转换为大写字母，并保存到字符变量 ch2 中。调用 toupper 函数需要在程序头部包含以下头文件。

```
#include<ctype.h>
```

2．tolower 函数：大写字母转换成小写字母

```
char ch1,ch2;
ch2=tolower(ch1);
```

如果字符 ch1 的值是大写字母，则 tolower 函数将其转换为小写字母，并保存到字符变量 ch2 中。调用 tolower 函数同样需要在程序头部包含以下头文件。

```
#include<ctype.h>
```

3．单个字符的输入输出函数

使用转换说明%c, scanf 和 printf 函数可以对单独的一个字符进行读写操作。示例如下。

```
char ch;
scanf("%c",&ch);    /* 输入一个字符, 注意是&ch */
printf("%c",ch);    /* 输出一个字符, 注意是 ch */
```

在读入 ch 时, scanf 函数会读取没有被读取的任意字符, 包括但不仅限于空格符和换行符等。如果想强制 scanf 函数在读入字符时, 自动跳过若干空白字符, 可以利用格式化输入的特点, 在转换说明%c 前面加上一个空格符实现:

```
scanf(" %c",&ch);    /*注意: %c 前面有一个空格符 */
```

在有关字符操作的任务中, scanf 函数常与循环结构配合使用。关于 scanf 函数的使用, 还可参考 6.2 节。

C 语言还提供另外一对函数: getchar 函数和 putchar 函数。它们可对单独的一个字符进行读写操作。示例如下。

```
char ch;
ch=getchar();    /* 输入一个字符 */
putchar(ch);     /* 输出一个字符 */
```

值得注意的是: getchar 函数返回的是一个整数, 即整型值, 而不是字符型值。不过, 这种差异并不影响使用。另外, getchar 函数不支持格式化输入, 要想在读入字符时, 跳过若干空白字符, 通常借助循环结构实现, 具体可参考 6.2 节。在有关字符操作的任务中, getchar 函数常与循环结构配合使用。

在使用 scanf 和 printf、getchar 和 putchar 这两对函数时, 有以下几个方面值得注意。

➢ scanf 函数不会跳过空白字符。为了强制 scanf 函数在读入字符前跳过空白字符, 需要在格式转换说明%c 前面加上一个空格符, 示例如下。

```
scanf(" %c",&ch);    /* %c 前面有一个空格符 */
```

➢ getchar 函数不会在读取字符时跳过空白字符。

➢ scanf 和 printf 函数支持不同格式、不同类型数据的读写, 较 getchar 和 putchar 函数的功能更强大, 也更复杂。如果只是单纯的字符操作, 使用 getchar 和 putchar 函数代替 scanf 和 printf 函数可以提高代码的执行效率。

➢ getchar 函数通过函数返回值读取一个字符, 而 scanf 函数以参数形式读取一个字符。相比之下, 有时候使用 getchar 函数更方便, 具体参考本书 6.2 节。

➢ 尽量避免 scanf 和 getchar 函数混合使用, scanf 函数会读取没有被读取的任意字符, 包括不可见的空格符、换行符等, 混合使用容易出现问题。

下面的程序用 scanf 函数读取一个整数, 然后用 getchar 函数读取一个字符, 并用 putchar 函数输出。

```
/* inout.c */
#include<stdio.h>
int main()
{
    int i;
    char ch;
    printf("Enter an integer and a character: ");
    scanf("%d",&i);
```

```
    ch=getchar();
    putchar(ch);
    printf("\n");
    return 0;
}
```

第一次运行程序，运行结果如下。

```
Enter an integer and a character: 10a
a
```

第二次运行程序，运行结果如下。

```
Enter an integer and a character: 10 a
```

第三次运行程序，运行结果如下。

```
Enter an integer and a character: 10■
■
```

第一次运行程序，用键盘输入"10a"，注意 10 和 a 紧挨着，运行结果为 a。

第二次运行程序，用键盘输入"10 a"（10 和 a 中间有一个空格符），getchar 函数将读取第一个剩余字符，即 10 后面的**空格符**，因此，putchar 函数输出的是一个空格符，字符 a 仍留在缓存中。

第三次运行程序，用键盘输入"10"，然后直接按"Enter"键换行（■表示换行符），getchar 函数将读取第一个剩余字符，即 10 后面的**换行符**，putchar 函数输出的是一个**换行符**。

修改程序 inout.c，在第一个读取一个整数的 scanf 函数后面，增加"scanf(" %c", &ch);"语句，并用 putchar 函数输出。

```
/* inout1.c */
#include<stdio.h>
int main()
{
    int i;
    char ch;
    printf("Enter an integer and a character:");
    scanf("%d",&i);
    scanf(" %c",&ch);    /* %c 前面有一个空格符 */
    putchar(ch);
    printf("\n");
    return 0;
}
```

第一次运行程序，运行结果如下。

```
Enter an integer and a character: 10 a
a
```

第二次运行程序，运行结果如下。

```
Enter an integer and a character: 10■
a
a
```

第一次运行程序，用键盘输入"10 a"（10 和 a 中间有一个空格符），"scanf(" %c",

&ch);"语句会自动跳过空格符和换行符，读取有效字符。

第二次运行程序，用键盘输入 10，然后直接按"Enter"键换行（■表示换行符），程序不会结束，因为"scanf(" %c", &ch);"语句会自动跳过空白字符和换行符，其必须得到一个输入的有效字符，程序才会执行 putchar 函数以输出变量 ch 的内容。

> 🔍 **提示**：对于本节的内容，读者可以通过慕课视频 7.3 进行巩固。

3.7 布尔型

布尔型也是一种数据类型，其值只能是真（true）或假（false），并且真表示 1 或者非 0，假表示 0。但是 C89 没有定义布尔型，我们可以通过声明一个 int 型变量实现，如下面的例子。

```
int flag;
flag=0;
flag=1;
```

我们还可以通过宏定义增加程序的可读性，产生布尔型的效果，示例如下。

```
#define TRUE 1
#define FALSE 0
#define BOOL int
BOOL flag;
```

C99 提供了布尔型_Bool，它其实是无符号整型，只能取值 0 或 1。如果往_Bool 型变量中存储非 0 值，该变量的值会自动变为 1。在 C99 中，除了可以使用上述两种方法，还可以用下面的方法声明和使用布尔型变量。

```
_Bool flag;
flag=10;  /* flag还是1 */
```

C99 提供了一个头文件 stdbool.h，该文件提供了 bool 宏，还提供了 true 和 false 两个宏。

```
#define bool _Bool
#define true 1
#define false 0
```

我们还可以使用如下方法声明和使用布尔型变量。

```
#include<stdbool.h>
bool flag;  /* 声明 flag 为布尔型变量 */
flag=false;
flag=true;
```

3.8 类型定义 typedef

C 语言提供了 typedef 为已有的类型重新声明一个别名。typedef 的一般格式如下：

typedef 类型标识符 类型名的别名;

C89 中没有提供布尔型，在 3.7 节中通过宏定义的方式解决了这个问题，我们也可以采用类型定义 typedef 定义一个布尔型，示例如下。

```
typedef int bool;
```

接着我们就可以用 bool 作为数据类型来声明变量，如下所示。

```
bool flag;
```

> **注意**：因为 typedef 是用于给已有的类型名起别名，而不是创建真正的新类型，所以上述例子中的 flag 本质还是 int 型变量。

使用宏定义和类型定义 typedef 都可实现定义一个布尔型，但是类型定义和宏定义有两点本质区别。

① typedef 定义的类型别名具有和变量相同的作用域规则，比如在函数内用 typedef 定义的别名在函数外无法识别。与之相比，宏定义的名字在预处理时会在任何出现的地方被替换。

② 宏定义只用于替换，而 typedef 定义的是一个类型。通常情况下我们察觉不到两者的区别，但是在某些情况下，特别是在声明数组或者指针变量时，因为宏定义只用于替换，所以有可能产生不期望出现的效果。读者以后使用的时候要特别注意。

类型定义使程序更加易于理解，增加了可读性，还便于在程序移植时调整数据类型，为编程人员提供更轻松、便捷的环境。例如，在定义产品数量时，可以利用 typedef。

```
typedef int Quantity;
```

然后使用 Quantity 作为数据类型来声明变量。

```
Quantity q;
```

随着业务发展，当产品数量超出 int 型的数据范围时，可以修改 typedef 的定义，从而很方便地将变量 q 的类型从 int 型改为范围更广的整数类型。

```
typedef long Quantity;
```

当程序中有很多地方用 Quantity 类型的变量时，这种方法比直接使用 int 型声明变量更方便修改，因为不需要逐一找到这些变量，然后一一将 int 改为 long。typedef 带来的这个优点在程序移植时特别有用。

C 语言库自身也使用了 typedef 创建类型别名，这些别名经常以 _t 结尾，示例如下。

```
typedef unsigned long int size_t;
typedef int wchar_t;
```

从上述内容可以看出类型定义的好处：可以使用编程人员更容易理解的名字替代 C 语言定义的类型名，以增加程序的可读性，便于在程序移植时调整数据类型。另外，编程人员如果熟悉其他编程语言中的标识符，则能用 typedef 定义为自己习惯的名字。

> **提示**：对于本节的内容，读者可以通过慕课视频 7.5 进行巩固。

3.9 枚举型

很多程序需要取值范围为一个很小的集合的变量，比如只有几种可能的取值。示例如下。

① 扑克牌花色：梅花、方块、红桃、黑桃。

```
{CLUBS,DIAMONDS,HEARTS,SPADES}
```

② 院系：通信、电工、计算机、数学、外语……

```
{COM,EE,CS,MS,FL,…}
```

所谓枚举，就是把一个量的有限种可能值一一列举出来，每个量用一个名字标识。C 语言为具有可能值较少的常量或变量提供了枚举型。枚举型的一般语法格式如下。

```
enum 枚举标记 {标识符1,标识符2,…,标识符n};
```

其中 enum 是定义枚举型的关键字，枚举标记相当于名字，花括号内各个标识符为该枚举型可能的取值，称为枚举名或枚举值，全部标识符构成该枚举型的枚举表。

例 3-1：定义一个枚举型 suit，它包含扑克牌的 4 种花色。

```
enum suit {CLUBS,DIAMONDS,HEARTS,SPADES};
```

要声明一个该枚举型变量可以使用如下语句。

```
enum suit s1,s2;
```

需要特别注意的是：枚举标记只是标记而已，不是一个数据类型。要声明一个枚举型变量，C 语言要求将 enum 和枚举标记作为整体书写，这样方可视为一个数据类型，即写为如下形式。

```
enum 枚举标记  变量1,变量2,…;
```

枚举标记不是必需的，如果省略了枚举标记，要声明一个枚举型变量需要写成如下形式。

```
enum {CLUBS,DIAMONDS,HEARTS,SPADES} s1,s2;
```

如果省略了枚举标记，每次在声明该枚举类型变量时，都需要将枚举表写出来。相比之下，在声明枚举型变量时使用枚举标记更简洁。

C 语言会将枚举型作为整型处理。默认情况下，编译器会把整数 0、1、2、…赋值给对应的标识符。例如，在 suit 中，CLUBS、DIAMONDS、HEARTS、SPADES 分别表示 0、1、2、3。C 语言也允许为枚举标识符指定数值，此时枚举型的一般语法格式如下。

```
enum 枚举标记 {标识符1=数值1,标识符2=数值2,…,标识符n=数值n};
```

标识符的值可以是任意整数，即使两个标识符有相同数值，C 语言在语法上也是允许的，而且标识符列出的顺序也没有固定要求。如果没有为标识符指定数值，那么它的值比前一个标识符的值大 1，并且 C 语言约定第一个标识符的值为 0。

例如，如果希望 CLUBS、DIAMONDS、HEARTS、SPADES 分别表示 3、5、7、9，可以写成如下形式。

```
enum suit {SPADES=9,DIAMONDS=5,HEARTS=7,CLUBS=3};
```

如果写成下面这样，这时 SPADES 的值为 0，HEARTS 的值为 6。

```
enum suit {SPADES,DIAMONDS=5,HEARTS,CLUBS=3};
```

由于 C 语言将枚举型标识符的值视为整数，因此标识符的值可以作为整数赋值给整型变量，示例如下。

```
int i;
enum suit {SPADES,DIAMONDS=5,HEARTS,CLUBS=3};
i=SPADES;  /* i 的值为 0 */
```

我们也可以使用 typedef 创建一个**枚举型名**，示例如下。

```
typedef enum {CLUBS,DIAMONDS,HEARTS,SPADES} Suit;
Suit s1,s2;
```

这样就创建了一个枚举型名 Suit，使用起来比**枚举标记**更加直观。

🔍 **提示**：对于本节的内容，读者可以通过慕课视频 15.5 进行巩固。

3.10 sizeof 运算符

sizeof 运算符可以确定存储指定类型值所占用字节的数量，其一般语法格式如下。

```
sizeof(类型名)
```

sizeof 表达式的值是一个无符号整数，表示存储类型名的值所需要的字节数。例如，"sizeof(char)" 的值为 1。

对于 char 型，sizeof 运算结果在不同位数的计算机上都一样，但是对于其他类型，在不同位数的计算机上，结果可能有所不同。

例如，在大多数情况下，16 位计算机上 "sizeof(int)" 的值为 2，32 位计算机上 "sizeof(int)" 的值为 4。

通常情况下，sizeof 运算符也可以应用于常量、变量和表达式，语法格式如下。

```
sizeof(表达式)
```

或者

```
sizeof 表达式
```

例如 "int i,j;"，在 32 位计算机上，"sizeof(i)" 的结果为 4，"sizeof(i+j)" 的值也为 4。由于 sizeof 是一元运算符，其优先级高于二元运算符，因此无论是类型名还是表达式，都建议保留 sizeof 的圆括号。例如 "sizeof(i+j)" 如果写成 "sizeof i+j"，由于 sizeof 的优先级高于加法运算，编译器会将 "sizeof i+j" 解释为 "(sizeof i)+j"。有关运算符优先级的内容可参考 4.7 节。

下面给出了一个显示基本数据类型的长度的例子。

```
/* sizeof.c */
#include<stdio.h>
int main(void)
{
   printf("Data type\tNumber of bytes\n");
   printf("-----------\t------------\n");
   printf("char\t\t%d\n",sizeof(char));
   printf("short int\t%d\n",sizeof(short));
   printf("int\t\t%d\n",sizeof(int));
   printf("long int\t%d\n",sizeof(long));
   printf("float\t\t%d\n",sizeof(float));
```

```
    printf("double\t\t%d\n",sizeof(double));
    printf("long double\t%d\n",sizeof(long double));
    return 0;
}
```

程序的运行结果如下（运行在目前主流的 64 位计算机上）。

```
Data type          Number of bytes
------------       -------------
Char               1
short int          2
int                4
long int           4
float              4
double             8
long double        12
```

> 🔍 提示：对于本节的内容，读者可以通过慕课视频 7.6 进行巩固。

习题 3

1. 如果 i 是 int 型变量，c 是 char 型变量，下面（　　）不符合 C 语言语法。

    A. i=i-c;

    B. c=5*c+3;

    C. putchar(c);

    D. scanf(c);

2. 下面（　　）不符合 C 语言语法。

    A. short unsigned int

    B. unsigned long

    C. short float

    D. long double

3. 下面（　　）不是十进制数 77 的 C 语言合法语法。

    A. 0x4D

    B. 0b01001101

    C. 'M'

    D. 0115

4. 如果 i 是 int 型变量，f 是 float 型变量，下面关于 scanf 函数的使用，（　　）符合 C 语言语法。

    A. scanf("%d%f",i,f);

    B. scanf("%f %d",&i,&f);

    C. scanf("%d%f",&f,&i);

    D. scanf("%f %d",&f,&i);

5. 如果 i 和 j 都是 int 型变量，使用语句"scanf("%d,%d",&i,&j);"给 i 和 j 分别赋值 10 和 20，下面（　　）的输入格式符合 C 语言语法。

A. 10 20

B. 10,20

C. i=10,j=20

D. 10 <换行符>

20

6. 如果 ch1 和 ch2 都是 char 型变量，使用语句 "scanf("%c%c",&ch1,&ch2);" 给 ch1 和 ch2 分别赋值'a'和'b'，下面（　　）的输入格式符合 C 语言语法。

A. ab

B. a,b

C. ch1=a,ch2=b

D. a　b

7. 如果 i 和 j 都是 int 型变量，下面关于 printf 函数的用法，（　　）符合 C 语言语法。

A. printf("%d%d",10.1,i);

B. printf("%c",'hello, world');

C. printf("%d%d",&i,&j);

D. printf("%d,%d",i,100);

8. 判断下面语句中变量、常量的声明及其初始化是否符合 C 语言语法。

```
char c=77;
int j='M';
float f=j;
double d=f;
long k=d;
const char flag;
const float PI=3.14;
const double cd=d;
enum {Red,Green,Amber} light;
int i;j;
float i=j=3.14;
static int m=1;
```

9. 写出下面程序片段的运行结果，并分析。

```
unsigned short i,j;
i=65535;
j=i+1;
printf("i=%d,j=%d",i,j);
```

10. 使用 typedef 创建名为 INT8、INT16 和 INT32 的类型，它们分别表示 8 位、16 位、32 位的整数类型。

11. 编写程序，要求输出 sizeof(32)、sizeof('A')、sizeof(char)、sizeof(2019L)、sizeof(3.14f)、sizeof(3.14)的值。

第4章 运算符与表达式

要执行计算，就需要像在数学中那样编写表达式进行相关的操作。运算符是构成表达式的基础。本章介绍 C 语言提供的常用运算符与表达式，包括算术表达式、赋值表达式、逻辑表达式、自增/自减运算符、条件运算符、逗号表达式等。

4.1 算术表达式

算术表达式是 C 语言编程经常用到的一种表达式，由算术运算符构成。C 语言支持 2 个一元算术运算符和 5 个二元算术运算符，如表 4-1 所示。算术运算符是几元的由算术运算符的操作数的个数决定。如果只需要一个操作数，就是一元算术运算符，比如表 4-1 中的一元正号运算符和一元负号运算符。如果需要两个操作数，就是二元算术运算符，比如表 4-1 中的加法、减法、乘法、除法、取余运算符。

表 4-1　算术运算符

一元算术运算符		二元算术运算符	
一元正号运算符　　+	加法运算符　　+	乘法运算符　　*
一元负号运算符　　−	减法运算符　　−	除法运算符　　/
		取余运算符　　%

4.1.1　一元算术运算符

一元算术运算符仅需一个操作数。一元正号运算符强调值是正的，但是在 C 语言中默认情况下值就是正的，因而表达式中写上这个运算符并无实质操作。实际使用时，为简化起见，一般会将一元正号运算符省略不写。一元负号运算符用于取负值，其与一元正号运算符不同，需要的时候必须写出，不能省略。示例如下。

```
int i,j;
i=+5;      /* 相当于i=5; */
j=-i;
```

4.1.2　二元算术运算符

二元算术运算符需要两个操作数。二元运算符都是大家在数学中已经熟悉的运算符，但是 C 语言在处理它们时有特殊之处，从而导致运算符与数学中的定义存在差异。大家可以自己编写一些小程序，输出计算结果，强化理解这些运算符在 C 语言和数学中的差异性。

（1）加法运算符及表达式

例 4-1：5+11   3.1f+2.5f   2+2.5f   2.5L+2

当操作数为整数和浮点数时，结果为浮点数，例如 3.1f+2.5f 的结果为 5.6f，2+2.5f 的结果为 4.5f，2.5L+2 的结果为 4.5L。

例 4-2：

```
int a,b;
float f;
char ch;
```

假设已完成这些变量的初始化，则下列运算都合法。

```
a+b a+2 2+ch f+1.5
```

在 C 语言中，加法运算符的操作数可以是两个常量、两个变量或者一个常量和一个变量，数据类型可以是整型、浮点型、字符型。

（2）减法运算符及表达式

减法运算符的使用方法与加法运算符的使用方法类似，操作数可以是两个常量、两个变量或者一个常量和一个变量，数据类型可以是整型、浮点型、字符型。当操作数为整数和浮点数时，结果为浮点数。

（3）乘法运算符及表达式

C 语言中的乘法运算符与数学中的乘号不同，其采用 "*" 作为乘法运算符。如果写成数学中的 "×"，编译器处理时不会将其识别为乘法运算符。乘法运算符的操作数可以是两个常量、两个变量或者一个常量和一个变量，数据类型一般是整型或者浮点型。

（4）除法运算符及表达式

C 语言中的除法运算符是 "/"，而不是数学中的 "÷"。

例 4-3：1/2   1.0f/2   1/2.0f   −1/2.0f   −8/5   −1/2

当两个操作数都是整数时，除法运算符会丢掉结果中的小数部分，只保留整数部分作为结果。当操作数至少有一个是浮点数时，结果为浮点数，不会丢掉结果中的小数部分。因此，1/2 的结果是 0 而不是 0.5，1.0f/2 的结果为 0.5，1/2.0f 的结果为 0.5，−1/2.0f 的结果为−0.5。

当两个整数操作数中有负数时，C89 和 C99 有不同标准。C89 允许向上截取（向 0 截取），也允许向下截取。比如，−8/5 向上截取是−1，向下截取是−2。C99 则明确约定只能向上截取（向 0 截取），即−8/5 的结果为−1，−1/2 的结果为 0。

例 4-4：

```
int a,b;
float f;
```

假设已完成这些变量的初始化，则下列运算都合法。

```
a/b f/3 a/2 f/1.5
```

除法运算符的操作数可以是两个常量、两个变量或者一个常量和一个变量，数据类型一般是整型或者浮点型。

作为一个练习，请思考下面例 4-5 和例 4-6 的变量 f 的结果分别是什么，并说明原因。

例 **4-5**：

```
float f
f=1;
f=1/2;
```

例 **4-6**：

```
float f
f=1;
f=f/2;
```

🔍 **提示**：例 4-5 中 f 的结果为 0.0，例 4-6 中 f 的结果为 0.5。

请注意：把 0 作为除法运算的右操作数（除数），会导致未定义行为。例如，在 C-Free 5.0 中，编译器会报出警告，得到一个没有意义的值。

（5）取余运算符及表达式

C 语言中的取余运算符是"%"。例如，i%j 的值是 i 除以 j 的余数。

例 **4-7**：14%5　　14%2　　14%-5　　-14%5

运算符%要求操作数都是整数，任何一个操作数不是整数，编译都无法通过。例如，14.0%5 在编译时编译器会报错。14%5 的值为 4，14%2 的值为 0。当两个操作数有负数时，C89 约定结果的符号与具体实现（特定平台上的编译、连接和执行软件）有关，比如，-9%7 可能是-2 或者 5。C99 明确约定当两个操作数有负数时，结果的符号与左操作数的符号相同。由图 4-1 可知，14%-5 的值为 4，-14%5 的值为-4。

$$\begin{array}{r}-2\\-5\overline{)14}\\10\\\hline4\end{array}\qquad\begin{array}{r}-2\\5\overline{)-14}\\-10\\\hline-4\end{array}$$

图 4-1　有负操作数的取余运算求解示例

⚠ **注意**：把 0 作为右操作数，会导致未定义行为。

下面的程序能把华氏温度 F 转换为摄氏温度 C（转换公式为 $C=5/9(F-32)$）。

```
/* celsius.c */
#include <stdio.h>
int main()
{
    float fahrenheit,celsius;

    printf("Enter Fahrenheit temperature: ");
    scanf("%f",&fahrenheit);

    celsius=5*(fahrenheit-32)/9;
    printf("Celsius temperature equivalent: %.1f\n",celsius);

    return 0;
}
```

程序的运行结果如下。

```
Enter Fahrenheit temperature: 100
Celsius temperature equivalent: 37.8
```

下面的程序用于计算抛物运动的射程。假设射程为 R，V_0 为初始速度，θ 为抛物线与水平方向的夹角，g 为重力加速度，计算公式为 $R = \dfrac{V_0^2 \cdot \sin 2\theta}{g}$。

```
/* range.c */
#include <stdio.h>
#include <math.h>
#define g 9.80
#define PI 3.14
int main()
{
    double v0,R;
    int theta;

    printf("Please Input v0(m/s) and theta (degree): ");
    scanf("%lf%d",&v0,&theta);

    R=v0*v0*sin(2*theta*PI/180)/g;
    printf("The range is: %.2f (m) \n",R);

    return 0;
}
```

程序的运行结果如下。

```
Please Input v0(m/s) and theta (degree): 20 45
The range is: 40.82 (m)
```

上述程序中使用了 C 语言标准库 math.h 中的 sin 函数。该函数的功能是计算某个角的正弦值。而 sin 函数的参数是弧度，因此需要将角度 θ 用以下公式转换为弧度：弧度=$\theta\pi/180$。

注意：scanf 函数读取 double 型的数值时，需要使用转换说明%lf。printf 函数除了用%lf 外，用%f 也可以输出 double 型的数值。

提示：对于本节的内容，读者可以通过慕课视频 4.1 进行巩固。

4.2 赋值表达式

赋值表达式是 C 语言程序最常用的表达式。C 语言的赋值运算符是"="。注意其与数学中的等号含义不同。赋值运算有方向性，表示将右边的值赋给左边。因此，在 C 语言中，"="不能再称为等号，而要称为赋值运算符。在 C 语言中，表示两者相等使用另外的运算符，不是单独一个"="，而是连续两个"="，即"=="，具体内容可参考 4.3.3 小节。5.1 节的 if 语句中经常会将"=="用于判等，一个常见的编程错误是只写一个"="，但其实质是赋值运算而不是判等运算，读者一开始接触赋值运算时就要注意两者的差异。

C 语言提供简单赋值（simple assignment）运算符和复合赋值（compound assignment）运算符。基于这两种运算符，下面分别介绍简单赋值、串联赋值和复合赋值。

4.2.1　简单赋值

赋值运算具有方向性，表示将右边的值赋给左边。简单赋值语句有如下语法格式。

```
v=e;
```

C 语言中 "=" 是运算符，赋值会产生结果，并且 v 和 e 的值并不一定始终相等，这点需要特别注意。"v=e;" 的执行过程可以视为两步：第一步，求出表达式 e 的值；第二步，把 e 的值赋给 v，其含义如图 4-2 所示。e 可以是常量、变量或更复杂的表达式，v 表示存储在计算机内存中的对象，比如变量，但不能是常量或者计算的结果。

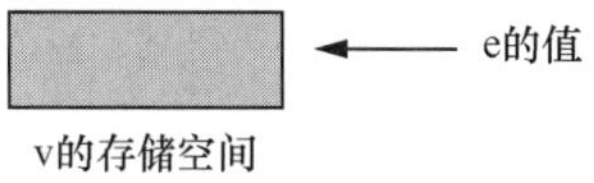

图 4-2　简单赋值运算示意

以下为几个简单赋值语句的例子。

例 4-8：整型变量的赋值。

```
int i,j,k;
i=10;              /* i 的存储空间存放 10 */
j=i+1;             /* j 的存储空间存放 11 */
k=2*i+j;           /* k 的存储空间存放 31 */
```

例 4-9：字符变量的赋值。

```
char ch;
ch='a';            /* ch 的存储空间存放字符 a 的 ASCII */
ch='A';            /* ch 的存储空间存放字符 A 的 ASCII */
ch='0';            /* ch 的存储空间存放字符 0 的 ASCII */
ch=' ';            /* ch 的存储空间存放空格字符的 ASCII */
```

之前提到，C 语言中 "=" 是运算符，v 和 e 的值并不一定始终相等。当 v 和 e 的类型不同时，赋值运算符会把 e 的值转换成 v 的类型的值。

例 4-10：整型变量与浮点型的赋值。

```
int i,j;
float f;
i=12.9f;           /* i 的存储空间存放 12 */
j=-12.9f;          /* j 的存储空间存放 -12 */
f=-12;             /* f 的存储空间存放 -12.0 */
```

当把一个浮点数赋值给一个整型变量时，浮点数的小数部分会被舍弃。这时，v 和 e 的值就不一定相等了。当把一个整数赋值给一个浮点变量时，会增加小数部分。如果不考虑 3.5.3 小节提到的浮点数误差的话，v 和 e 的值相等。

请读者思考下面的例子中赋值运算后的结果是什么，并说明原因。

```
int i;
float f;
i=1/2;             /* i 的存储空间存放 0 */
f=1/2;             /* f 的存储空间存放 0.0 */
i=1/2.0f;          /* i 的存储空间存放 0 */
f=1/2.0f;          /* f 的存储空间存放 0.5 */
```

注意：在上述语句中 1/2 表示 1 除以 2，而不是二分之一。由 C 语言的除法规则可知，1/2 的结果为 0，而 1/2.0f 的结果为 0.5。

C 语言的赋值运算中，v 必须是存储在计算机内存中的对象。对于下面的例子，编译器都会报错，显示错误消息 "invalid lvalue in assignment."。

```
int i,j
...                     /* 假设已完成变量 i 和 j 的初始化 */
28=i;                   /* 编译报错 */
i+j=10;                 /* 编译报错 */
-i=j;                   /* 编译报错 */
```

程序 assignments.c 是整型变量与浮点型变量和赋值的例子。

```
/* assignments.c */
#include <stdio.h>
int main(void)
{
  int i;
  float f;
  i=1/2;
  printf("i:%d\n",i);
  f=1/2;
  printf("f:%f\n",f);
  i=1/2.0f;
  printf("i:%d\n",i);
  f=1/2.0f;
  printf("f:%f\n",f);
  return 0;
}
```

4.2.2 串联赋值

赋值运算符的结合方向是右结合。C 语言允许多个赋值运算符串联在一起使用，示例如下。

```
int i,j,k;
i=j=k=10;
```

由于赋值运算符是右结合的，所以上面的表达式可以写为如下形式。

```
i=(j=(k=10));
```

注意：串联赋值不可以写在声明变量的地方，例如下面的写法在编译时会报错。
```
int i=j=k=10;   /* 编译报错 */
```

赋值运算符串联在一起，可能产生非预期的效果，例如下面的例子。

```
int i;
float f;
f=i=12.9f;
```

这个串联赋值语句中，由于 i 是整型变量，所以在赋值时会进行类型转换，其结果是将 12 保存到 i 的存储空间，而不是 12.9。再次进行类型转换，将 12 转换为 12.0 赋给 f。

如果将上面的 f 和 i 的位置交换，请读者思考结果是否还一样。

```
int i;
float f;
i=f=12.9f;
```

结果是不完全一样的，这种情况下 f 是 12.9，i 还是 12。

由此可见，串联赋值稍有不慎就可能引入错误，因此建议慎用串联赋值语句。

4.2.3　复合赋值

C 语言允许在赋值运算符之前加上算术运算符，构成复合赋值运算符。复合赋值的语法格式如下。

```
v+=e;        /* 表示 v 加上 e，然后将结果存储到 v 中 */
v-=e;        /* 表示 v 减去 e，然后将结果存储到 v 中 */
v*=e;        /* 表示 v 乘以 e，然后将结果存储到 v 中 */
v/=e;        /* 表示 v 除以 e，然后将结果存储到 v 中 */
v%=e;        /* 表示 v 对 e 取余，然后将结果存储到 v 中 */
```

> **注意**：v 是复合赋值语句中的算术运算符的左操作数，算术运算符的规则与 4.1 节相同。例如，整数除法会舍弃小数部分，只保留整数部分，而将浮点数赋值给整型变量时也会舍弃小数部分，只保留整数部分。因而在复合赋值运算中，使用"v/=e;"时需要特别留意。

复合赋值运算的执行过程比简单赋值运算增加一步，可以视为 3 步。第一步：求出表达式 e 的值。第二步：将 e 的值和 v 的值（赋值以前的值）做相应的算术运算。第三步：将算术运算结果赋值给 v。与简单赋值运算相同，e 可以是常量、变量或更复杂的表达式，v 表示存储在计算机内存中的对象，比如变量，但不能是常量或者计算的结果。

本章只针对上述 5 种复合赋值运算符详细讲解，但是，它们只是 C 语言提供的复合赋值运算符的一部分，更多复合赋值运算符如表 4-2 所示。

表 4-2　复合赋值运算符及复合赋值语句

复合赋值运算符	复合赋值语句	复合赋值运算符	复合赋值语句
+=	v+=e;	-=	v-=e;
*=	v*=e;	/=	v/=e;
%=	v%=e;	<<=	v<<=e;
>>=	v>>=e;	&=	v&=e;
^=	v^=e;	| =	v|=e;

例 4-11：一个简单的复合赋值运算的例子。

```
int i;
i+=2;    /* 表示 i 加上 2，然后将结果存储到 i 中，相当于语句"i=i+2;" */
i-=2;    /* 表示 i 减去 2，然后将结果存储到 i 中，相当于语句"i=i-2;" */
i*=2;    /* 表示 i 乘 2，然后将结果存储到 i 中，相当于语句"i=i*2;" */
i/=2;    /* 表示 i 除以 2，然后将结果存储到 i 中，相当于语句"i=i/2;" */
i%=2;    /* 表示 i 对 2 取余数，然后将结果存储到 i 中，相当于语句"i=i%2;" */
```

程序 compound1.c 是简单复合赋值运算的例子。

```
/* compound1.c */
#include <stdio.h>
```

```
int main(void)
{
  int i;
  i=5;
  i+=2;
  printf("i=5,i+=2:%d\n",i);
  i=5;
  i-=2;
  printf("i=5,i-=2:%d\n",i);
  i=5;
  i*=2;
  printf("i=5,i*=2:%d\n",i);
  i=5;
  i/=2;
  printf("i=5,i/=2:%d\n",i);
  i=5;
  i%=2;
  printf("i=5,i%%=2:%d\n",i);
  return 0;
}
```

程序的运行结果如下。

```
i=5,i+=2:7
i=5,i-=2:3
i=5,i*=2:10
i=5,i/=2:2
i=5,i%=2:1
```

注意：printf 要输出"%"则需要用"%"进行转换，所以在转换说明中需要连续的两个"%"。

对于例 4-11，e 是一个常量。思考：当 e 是更复杂的表达式时，如果复合赋值语句中的算术运算符的优先级比 e 中表达式的优先级更高，应该怎样计算呢？如下面的例 4-12 所示。

例 4-12：

```
int i,a,b;
...          /* 假设已完成 3 个变量的初始化 */
i+=a*b;      /* 相当于语句"i=i+a*b;" */
i-=a*b;      /* 相当于语句"i=i-a*b;" */
i*=a-b;      /* 相当于语句"i=i*(a-b);"，易错情况为"i=i*a-b;" */
i/=a+b;      /* 相当于语句"i=i/(a+b);"，易错情况为"i=i/a+b;" */
i%=a+b;      /* 相当于语句"i=i%(a+b);"，易错情况为"i=i%a+b;" */
```

前面讲到过复合赋值运算的执行过程可以视为 3 步。第一步是求出表达式 e 的值，第二步才是将 e 的值和 v 的值做相应的复合赋值运算中的算术运算。由此可见，无论 e 中的表达式如何复杂，都将 e 视为一个整体，其中的表达式运算与复合赋值运算中的算术运算无关。提醒读者掌握好复合赋值运算的这一原则，以免混淆出错。

程序 compound2.c 是略复杂的复合赋值运算的例子。

```
/* compound2.c */
#include <stdio.h>
int main(void)
```

```
{
    int i,a,b;
    i=15;
    a=10;
    b=5;
    i+=a*b;
    printf("i=15,a=%d,b=%d,i+=a*b:%d\n",a,b,i);
    i=15;
    i-=a*b;
    printf("i=15,a=%d,b=%d,i-=a*b:%d\n",a,b,i);
    i=15;
    i*=a-b;
    printf("i=15,a=%d,b=%d,i*=a-b:%d\n",a,b,i);
    i=15;
    i/=a+b;
    printf("i=15,a=%d,b=%d,i/=a+b:%d\n",a,b,i);
    i=15;
    i%=a+b;
    printf("i=15,a=%d,b=%d,i%%=a+b:%d\n",a,b,i);
    return 0;
}
```

程序的运行结果如下。

```
i=15,a=10,b=5,i+=a*b:65
i=15,a=10,b=5,i-=a*b:-35
i=15,a=10,b=5,i*=a-b:75
i=15,a=10,b=5,i/=a+b:1
i=15,a=10,b=5,i%=a+b:0
```

另外，值得读者注意的是，"v+=e;"并没有被描述为等价于"v=v+e;"，因为在有些情况下这两条语句并不一样。例如，下面两条语句就不等价。要读懂这两条语句需要 4.4 节和**第 7 章**的知识。现在先写在这里，读者可以学习完这些知识后再来理解。

```
a[i++]+=2;
a[i++]=a[i++]+2;
```

与赋值运算符一样，复合赋值运算符的结合性也是右结合。示例如下。

```
int i,a,b;
...              /* 假设已完成 3 个变量的初始化 */
i+=a*=b;         /* 相当于"i+=(a*=b);" */
i+=a-=b;         /* 相当于"i+=(a-=b);" */
```

最后，一元算术运算符与复合赋值运算符容易混淆，读者注意对比下面两条语句的差异。

```
i=+j;            /* 相当于"i=(+j);"，和"i+=j;"完全不一样 */
i=-j;            /* 相当于"i=(-j);"，和"i-=j;"完全不一样 */
```

🔍 **提示：** 读者可以通过慕课视频 4.2 来巩固 4.2 节所学的内容。

4.3 逻辑表达式

在 C 语言中，逻辑表达式的运算结果只能是 0（不成立/假）或者 1（成立/真）。逻辑表达式可以由关系运算符、逻辑运算符、判等运算符及其组合构成，在 C 语言的选择语句中经常会使用。例如 if 语句要检测 i<j 的条件是否成立，如果表达式结果为 1，则表示 i 小于 j；如果表达式结果为 0，则表示 i 不小于 j，即 i 大于或等于 j。关于 if 语句的内容可参考 5.1 节。

4.3.1 关系运算符

运用关系运算符构成的表达式称为关系表达式。C 语言的关系运算符和数学中的<、>、≤和≥相对应，如表 4-3 所示。

表 4-3 关系运算符

符号	含义	结合性	符号	含义	结合性
<	小于	左结合	>	大于	左结合
<=	小于或等于	左结合	>=	大于或等于	左结合

关系表达式的语法格式如下。

```
表达式 1 关系运算符 表达式 2
```

关系运算符用于两个操作数（表达式 1、表达式 2）的比较，它们可以是相同类型的操作数，也可以是混合类型的操作数。关系表达式的运算结果只能是 0（不成立/假）或者 1（成立/真），即在 C 语言中，形如"i 关系运算符 j"（例如 i<j）这样的表达式具有布尔型的输出。示例如下。

```
10<11      /* 表达式的值为 1 */
10>11      /* 表达式的值为 0 */
10<=11     /* 表达式的值为 1 */
10>=11     /* 表达式的值为 0 */
```

当表达式中除了关系运算符之外还混有其他运算符时，读者清楚这点显得特别重要。

关系运算符是左结合的，其优先级低于算术运算符。如果想明确约定哪部分进行结合，则需要加圆括号。提醒读者特别注意：在 C 语言中，运算符的优先级决定表达式中子表达式如何划分，与数学上运算符的优先级决定计算的先后顺序不同。换句话说，在 C 语言中，优先级高的运算符并不一定先计算。读者暂且记住这点，具体可参考 4.7 节的讲解。

下面是更复杂的关系表达式的例子。

```
int i,j,k;
char ch;
...            /* 假设已完成上述变量的初始化 */
i+j<k;
```

根据"+"和"<"的优先级（具体可参考 4.7 节），这个表达式相当于"(i+j)<k"，注意关系运算的值只能是 0 或者 1，即在获得这个表达式的结果以后，看不到 i、j、k 的值。

我们再来看下面这个例子。

```
i+j<k-1
```

这个表达式相当于"(i+j)<(k-1)"，即 i 加 j 的值与 k 减 1 的值比较，关系运算的结果同样也只能是 0 或者 1。

字符也可以像数那样进行比较，示例如下。

```
'a'<=ch
ch<='z'
```

这两个表达式相当于用字符对应的 ASCII 值进行比较。比如"'a'<=ch"就用十进制整数 97 与 ch 对应字符的 ASCII 整数值比较，关系运算的结果同样只能是 0 或者 1。

思考：表达式 i<j<k 的含义是什么？

由于关系运算符是左结合的，i<j<k 等价于(i<j)<k，而 i<j 的关系运算结果只能是 0 或者 1，因此与 k 比较大小的是 0 或者 1，而不是 j。这点很容易出错，所以之前一再强调关系运算的结果只能是 0 或者 1。

如果想表达 i 小于 j，而 j 又小于 k，应该如何用 C 语言的语句描述呢？如果只用关系运算符的话，可以表示为(i>=j)<(j<k)，当 i>=j 不成立（值为 0）而 j<k 成立（值为 1）时，i<j，且 j<k。这时整个表达式相当于 0<1。但是，通常不会这样表达，而是结合逻辑运算符，写成更容易理解的语句。

4.3.2 逻辑运算符

C 语言支持的逻辑运算符如表 4-4 所示。

表 4-4 逻辑运算符

符号	含义	几元运算符	结合性
!	逻辑非	一元运算符	右结合
&&	逻辑与	二元运算符	左结合
‖	逻辑或	二元运算符	左结合

逻辑运算的表达式，语法格式如下。

```
!表达式 1
表达式 1&&表达式 2
表达式 1‖表达式 2
```

与关系运算类似，逻辑运算的结果也只能为 0（假）或者 1（真）。逻辑运算的规则如下。

➤ 当表达式 1 的值为 0 时，"!表达式 1"的结果为 1；当表达式 1 的值非 0 时，"!表达式 1"的结果为 0。

➤ 当表达式 1 或者表达式 2 的值都是非 0 值时，"表达式 1 && 表达式 2"的结果为 1；当表达式 1 或者表达式 2 中有任何一个值为 0 时，"表达式 1 && 表达式 2"的结果为 0。

➤ 当表达式 1 或者表达式 2 的值有任何一个是非 0 值时，"表达式 1‖表达式 2"的结果为 1。

例如，要表达 4.3.1 小节中的 i 小于 j，而 j 又小于 k，可以写成如下形式。

```
i<j&&j<k;
```

逻辑与的优先级低于关系运算符，因此结合后相当于(i<j)&&(j<k)。为方便代码的阅读，也可以直接加上括号，写成(i<j)&&(j<k)。运算符的优先级与结合顺序具体可参考 4.7 节。

思考：!(1<2)的值是多少？

首先 1<2 这一关系表达式的值为 1，然后!1 的结果为 0。

对于逻辑运算符&&和||需要特别注意的是，这两者都执行短路计算。所谓短路计算，是指如果根据左操作数就能推出表达式的结果，就不再计算右操作数。示例如下。

```
(1<2)||(3>5);
```

根据逻辑或的运算规则，1<2 表达式的值为 1，整个表达式的结果已经可以推出，则不计算 3>5 的结果，可以理解为 3>5 这部分操作数被舍弃。

```
(3>5)&&(1<2);
```

类似地，根据逻辑与的运算规则，3>5 表达式的值为 0，整个表达式的结果已经可以推出，则不再计算 1<2 的结果。

当右操作数中包含对变量值的更改时，短路计算会导致变量没有发生相应的更改。示例如下。

```
int i,j;
i=0;
j=0;
(i>0)&&(j++)
```

因为 i 为 0，左操作数 i>0 不成立，即值为 0。根据逻辑与的短路计算规则，不进行 j++ 的操作，因此 j 的值不变。关于"++"的运算具体可参考 4.4 节。

4.3.3 判等运算符

C 语言支持的判等运算符如表 4-5 所示。

表 4-5　判等运算符

符号	含义	结合性
==	等于	左结合
!=	不等于	左结合

判等运算的表达式，语法格式如下。

```
表达式1==表达式2
表达式1!=表达式2
```

判等运算的结果也只能为 0 或者 1。示例如下。

```
10==11    /* 表达式的值为 0 */
10!=11    /* 表达式的值为 1 */
int i,j,k;
…         /* 假设已完成上述变量的初始化 */
i==j
i!=j
```

判等运算符的优先级低于关系运算符。例如，表达式 i<j==j<k 相当于(i<j)==(j<k)。i<j 的结果为 0 或者 1，j<k 的结果也为 0 或者 1，然后根据这两者的结果进行判等。

4.2 节已经提到，5.1 节的 if 语句中经常会将"=="用于判等，一个常见的错误是将判等运算符写成赋值运算符，即将 if(i==j)误写成 if(i=j)。虽然这两种写法都能通过编译，但是语句含义相差甚远，所以读者在编写这类语句时一定要注意两者的差异。有时为了避免这类错误，对于 if(i==10)这类判断，借助常量不能作为赋值运算符的左操作数的特点，更妥当的写法是 if(10==i)形式。这是因为，即便误写成赋值运算符 if(10=i)，编译器也会报错，从而起到提醒作用。

> 提示：读者可以通过慕课视频 5.4 和视频 5.5 来巩固 4.3 节所学的内容。

4.4 自增/自减运算符

在 C 语言程序中，一个变量自增 1 或者自减 1 是频繁使用的运算。例如，for 语句通常用变量 i 的自增或自减 1 达到控制循环次数的目的。有关 for 语句的内容可参考 6.4 节。为此，C 语言提供两类运算符来实现此类操作，分别是"++"和"--"。"++"表示自加 1，"--"表示自减 1。"++"和"--"既可以作为前缀使用，也可以作为后缀使用。前缀和后缀反映出在该语句中，由于操作数自增/自减时机的差异，结果可能不一样。这是导致自增/自减运算符使用时容易混淆、用错的主要原因。

4.4.1 前缀自增/自减运算符

前缀自增/自减运算符的表达式，语法格式如下。

```
++变量名
--变量名
```

> ➤ 前缀自增/自减的时机

在说明时机之前，首先必须明白：一条 C 语言语句可能要做若干件事情，不一定只做一件事情，很多情况下需要完成两件或两件以上的事情。

在明白上述前提的情况下，就容易理解前缀自增/自减的时机。当前缀自增/自减表达式作为一条语句的一部分出现时，前缀意味着在这条语句要完成的若干事情中，最先（立即）做自增/自减运算，再完成该语句其他部分的内容。

例 4-13：简单前缀自增、前缀自减语句的例子。

```
int i=0,j=10;
++i;                    /* 变量i立即自增1，效果相当于"i=i+1;"*/
printf("i is %d\n",i);  /* 运行结果：i is 1 */
--j;                    /* 变量j立即自减1，相当于"j=j-1;"*/
printf("j is %d\n",j);  /* 运行结果：j is 9 */
```

上述自增/自减运算还可以用复合运算符表达，如下所示。

```
i+=1;
j-=1;
```

对于上述简单前缀自增（++i）、前缀自减（--j）语句，由于语句只包含自增/自减这一件事情，最先做或最后做的事情都是它，因而其结果与后缀自增（i++）、后缀自减（j--）语句的结果一致。

例 4-14：思考下面的例子中 i 和 j 分别会变成多少。

```
int i,j;
```

```
i=1;
j=++i;
```

语句 "j=++i;" 需要完成两件事情: i 自增、对 j 赋值。先赋值或先自增, i 和 j 的结果是不一样的。情况 1: 如果先赋值, 这条语句要完成的事情拆解后就相当于先执行语句"j=i;", 然后执行语句"++i;", i 和 j 的结果分别为 2 和 1。情况 2: 如果先自增, 这条语句要完成的事情拆解后就相当于先执行语句 "++i;", 然后执行语句 "j=i;", i 和 j 的结果都为 2。这两种情况只有一种是正确的, 到底哪种情况是对的呢?

前面在讲前缀自增/自减时机时说到, 前缀意味着在这条语句要完成的若干件事情中, 最先 (立即) 做自增/自减运算, 再完成该语句其他部分的内容。因此, 上述情况 2 是正确的, 即先执行语句 "++i;", 再对 j 赋值。

为了避免与后面即将讲的后缀自增/自减混淆, 一个简单易行的方法是, 先做语句分解, 即把包含自增/自减表达式的语句按照其要完成的事情进行分解, 然后根据前缀规则, 最先完成自增/自减操作。

例 4-15: 思考下面的例子中 i、j、k 的值分别会变成多少。

```
int i,j,k;
i=1;
j=2;
k=(++i)+(--j);
```

首先对语句 "k=(++i)+(--j);" 进行分解, 这条语句需要分别完成自增、自减、加法运算、赋值运算。根据前缀自增/自减最先 (立即) 做自增/自减的规则, 这条语句相当于依次执行下面几条语句。

```
++i;
--j;
k=i+j;
```

最先执行 "++i;" 和 "--j;", 此时 i 的值变为 2, j 的值变为 1。然后进行加法运算, 最后赋值, 由此得到 k 的值为 3。

4.4.2 后缀自增/自减运算符

"++" 和 "--" 还可以作为后缀使用。后缀自增/自减运算符的表达式, 语法格式如下。

```
变量名++
变量名--
```

➢ 后缀自增/自减的时机

当后缀自增/自减表达式作为一条语句的一部分出现时, 后缀意味着在这条语句要完成的若干件事情中, 最后 (在本语句执行结束前) 做自增/自减运算。

例 4-16: 简单后缀自增、后缀自减语句的例子。

```
int i=0,j=10;
i++;  /* 变量 i 为 1 */
j--;  /* 变量 j 为 9 */
```

如 4.4.1 小节所述, 后缀自增、后缀自减语句都只做自增/自减这一件事情, 因而其结果与前缀自增 (++i)、前缀自减 (--j) 语句的结果一致。

例 4-17：思考下面的例子中 i 和 j 的值分别会变成多少。

```
int i,j;
i=1;
j=i++;
```

语句"j=i++;"需要完成两件事情：i 自增、对 j 赋值。根据后缀规则，最后完成自增操作，即先执行赋值操作，再执行自增操作。这条语句相当于依次执行下面两条语句。

```
j=i;
i++;
```

j 的值变为 1，i 的值变为 2。与 4.4.1 小节中的例 4-14 相比，i 和 j 的结果是不同的。

例 4-18：思考下面的例子中 i、j、k 的值分别会变成多少。

```
int i,j,k;
i=1;
j=2;
k=(i++)+(j++);
```

首先对语句"k=(i++)+(j++);"进行分解，这条语句需要完成两个自增、一个加法运算、一个赋值运算。根据后缀自增/自减最后做自增/自减的规则，这条语句相当于依次执行下面 3 条语句。

```
k=i+j;
i++;
j++;
```

k 的值为 3，i 的值变为 2，j 的值变为 3。

例 4-19：思考下面的例子中 i、j、k 的值分别会变成多少。

```
int i,j,k;
j=9;
k=5;
i=j>k||j++==k--;
```

上述语句，按照运算符的优先级高低结合后相当于语句"i=(j>k)||((j++)==(k--));"。该语句逻辑或的左操作数为表达式 j>k，其值为 1。根据逻辑或的短路计算规则可知，i 的值为 1，且不再进行(j++)==(k--)的操作，因此 j 和 k 的值不变，j 的值仍然为 9，k 的值为 5。

例 4-20：思考下面的例子中 i、j、k 分别会变成多少。

```
int i,j,k;
j=5;
k=9;
i=j>k||j++==k--;
```

与例 4-19 一样，上述最后一条语句相当于语句"i=(j>k)||((j++)==(k--));"。该语句逻辑或的左操作数为表达式 j>k，其值为 0，因此继续考察(j++)==(k--)的值。这个表达式包含自增、自减和判等。根据后缀自增/自减最后做自增/自减的规则，先判等。j 为 5，k 为 9，不相等，因此逻辑或的右操作数也为 0，i 的值为 0。再做自增和自减，得到 j 的值为 6，k 的值为 8。

例 4-21：思考下面的例子中 f1 和 f2 的值分别会变成多少。

```
float f1,f2;
f1=1.5f;
f2=f1++;
```

除了整数，浮点数也可以使用自增/自减运算符。语句"f2=f1++;"需要完成自增和赋值运算。根据后缀自增的规则，该语句相当于依次执行下面两条语句。

```
f2=f1;
f1=f1+1;
```

因此，f1 和 f2 的值分别为 2.5 和 1.5。

⚠️ **注意**：同一个表达式中多次使用"++"或"——"时最好用括号明确标明结合关系，否则语句可能令人难以理解，甚至出现无法通过编译的情况。示例如下。

```
int i,j,k;
i=1;
j=2;
k=i++j;        /* 编译报错 */
k=i+-j;        /* 相当于"k=i+(-j);" */
k=i+++j;       /* 后缀自增的优先级高于前缀自增的优先级，该语句相当于"k=i++(+j);" */
k=+++++j;      /* 编译报错 */
k=++(++j);     /* 编译报错 */
```

有关前缀自增/自减运算符和后缀自增/自减运算符的优先级可参考 4.7 节。

🔍 **提示**：读者可以通过慕课视频 4.3 来巩固 4.4 节所学的内容。

4.5 条件运算符

条件运算符是 C 语言中一个非常特殊的运算符，它需要 3 个操作数，为三元运算符，其表达式的语法格式如下。

```
表达式 1? 表达式 2 : 表达式 3
```

首先计算表达式 1 的值，如果其值不为 0（成立），则计算表达式 2 的值作为条件运算结果；如果表达式 1 的值为 0（不成立），则计算表达式 3 的值作为条件运算结果。表达式 1、表达式 2 和表达式 3 可以是任何类型的表达式。

条件运算符的优先级，只比赋值运算符和逗号运算符的优先级高，比其他运算符的优先级都低。示例如下。

```
int i,j,k;
i=1;
j=2;
k=i>j?i:j;
```

上述语句中，表达式 i>j 不成立，因此将表达式 3 的值（j 的值）赋给 k，k 的值为 2。

条件表达式常用于对 if 语句进行简化，并且可以应用于 return 语句和 printf 语句。例如，判断 i 和 j 的值，将其中较大的值返回。这一功能可以借助条件表达式用如下语句实现。

```
return i>j?i:j;
```

例如，判断 i 和 j 的值，将其中较大的值输出，可以用如下语句。

```
printf("The larger one is:%d\n",i>j?i:j);
```

上述两条语句如果不采用条件表达式，就需要用选择语句实现，具体可参考 5.1.2 小节。

4.6 逗号表达式

在 C 语言中逗号除了可以作为分隔符出现，还可以作为运算符，将两个或多个表达式合并成一个表达式。逗号表达式的值为最后一个表达式的值。逗号表达式的语法格式如下。

```
表达式 1, 表达式 2, [,…,表达式 n]
```

这里表达式 1、表达式 2、…、表达式 n 可以是任意表达式。

逗号运算符是左结合的，并且逗号运算符的优先级低于所有其他运算符的优先级，因此，在执行时，每个表达式按照从左到右的先后顺序依次计算。

例 4-22：

```
int i,j,k;
i=1,j=2,k=i+j;
```

上述语句用逗号分隔了 3 个表达式，相当于下面 3 条语句依次执行。

```
i=1;
j=2;
k=i+j;
```

因此，语句 "i=1,j=2,k=i+j;" 的执行结果为 i 的值为 1，j 的值为 2，k 的值为 3。

例 4-23：

```
int i,j,k;
i=1;
j=2;
++i,k=i+j;
```

上述语句用逗号分隔了 2 个表达式，相当于下面 2 条语句依次执行。

```
++i;
k=i+j;
```

因此，语句 "++i,k=i+j;" 的执行结果为 i 的值为 2，j 的值为 2，k 的值为 4。

例 4-24：

```
int i;
i=10;
printf("%5d%5d\n",i,i*i);
```

上述语句的运行结果为 "   10 100"。

此外，for 语句中也可以用到逗号运算符，实现多个初始表达式，或者在每次循环时同时对几个变量进行自增/自减操作，具体参考 6.4.3 小节。

4.7 优先级与结合性

C 语言提供了丰富的运算符。为了将表达式划分为子表达式，C 语言约定了运算符的优先级和结合性。如果要明确约定子表达式的划分方式，我们可以采用添加圆括号的方式明确约定。表 4-6 总结了目前已介绍的 C 语言运算符。在该表中，优先级数值相同的运算符表示它们具有相同的优先级。

表 4-6 部分 C 语言运算符的优先级与结合性

优先级	运算符名称	符号	结合性
1（最高）	后缀自增运算符	++	左结合
	后缀自减运算符	——	
2	前缀自增运算符	++	右结合
	前缀自减运算符	——	
	一元正号运算符	+	
	一元负号运算符	—	
	逻辑非运算符	!	
3	乘法类运算符	*、/、%	左结合
4	加法类运算符	+、—	左结合
5	关系运算符	<、>、<=、>=	左结合
6	判等运算符	==、!=	左结合
7	逻辑与、逻辑或运算符	&&、||	左结合
8	条件运算符	? :	左结合
9	赋值运算符	=、*=、/=、%=、+=、—=	右结合
10（最低）	逗号运算符	,	左结合

需要特别注意的是，在 C 语言中，运算符的优先级和结合性一起决定了表达式中子表达式如何划分，与数学上运算符的优先级决定计算的先后顺序不同。比如，数学计算中约定先乘除后加减，即乘除法的优先级高于加减法的优先级。但是在 C 语言中，优先级高的运算符并不一定先计算。如表 4-6 所示，后缀自增运算符的优先级最高，高于前缀自增运算符的优先级，但是计算时由 4.4 节可知前缀自增/自减最先（立即）做自增/自减，而后缀自增/自减最后（本语句执行结束前）做自增/自减。读者可通过以下几个例子进一步加深理解。

例 4-25：下面的例子中 i、j、k 的值分别会变成多少？

```
int i,j,k;
i=1;
j=2;
k=i+++j;
```

思考：语句 "k=i+++j;" 中赋值运算的右操作数应该拆解成(i++)+j 还是 i+(++j)呢？根据表 4-6 所示运算符的优先级和结合性，编译器优先以后缀自增的方式拆解表达式，因此右操作数会被拆解成(i++)+j，相当于下面这条语句。

```
k=(i++)+j;
```

根据前缀与后缀的规则，这条语句相当于下面两条语句。

```
k=i+j;
i++;
```

得到的结果：i 的值是 2，j 的值是 2，k 的值是 3。

例 4-26：下面的例子中 i、j、k 的值分别会变成多少？

```
int i,j,k;
i=1;
j=2;
k=++j+i+++j;
```

思考：上述这条语句如何拆解？根据表 4-6 所示运算符的优先级和结合性，右操作数会被拆解成(++j)+(i++)+j，相当于下面这条语句。

```
k=(++j)+(i++)+j;
```

根据前缀与后缀的规则，这条语句相当于下面 3 条语句。

```
++j;
k=j+i+j;
i++;
```

得到的结果 i 的值是 2，j 的值是 3，k 的值是 7。

例 4-27：下面这个语句应该如何拆解？

```
a=b+=c++-d+--e/-f;
```

根据表 4-6 所示的运算符的优先级和结合性可知，该语句可以按照下面步骤进行拆解。

步骤 1：a=b+=(c++)-d+--e/-f;。

步骤 2：a=b+=(c++)-d+(--e)/(-f);。

步骤 3：a=b+=(c++)-d+((--e)/(-f));。

步骤 4：a=b+=(((c++)-d)+((--e)/(-f)));。

步骤 5：(a=(b+=(((c++)-d)+((--e)/(-f)))));。

C 语言没有定义表达式的求值顺序（除了含有自增/自减运算符、逻辑与运算符、逻辑或运算符、条件运算符、逗号运算符的子表达式）。例如，表达式(i+j)*(k-m)无法确定(i+j)是否在(k-m)之前求值。对于大多数表达式，无论表达式的计算顺序如何，表达式的值都是一致的。但当子表达式改变了某个操作数的值时，产生的值可能不一致，例如：

```
int i,j,k;
i=5;
k=(j=i+2)-(i=2);
```

若先执行 j=i+2，则 j 的值为 7，k 的值为 5。

若先执行 i=2，则 j 的值为 4，k 的值为 2。

> 🔍 **提示**：读者可以通过慕课视频 4.4 来巩固 4.7 节所学的内容。

4.8 类型转换

为了让计算机执行算术运算，通常要求操作数具有相同的二进制位数（比如同为 16 位整数或者同为 32 位整数等），并且要求存储方式也相同。相比之下，C 语言允许不同类型的操作数混合在同一表达式中，但是 C 语言编译器可能需要进行操作数的转换，从而使计算机可以对表达式进行计算。

C 语言提供两种类型转换方式：自动（隐式）类型转换和强制类型转换。

4.8.1 自动类型转换

所谓自动类型转换，是指编译器可以自动处理转换而无须程序员介入，所以这类转换又可以称为隐式转换。

C 语言有大量不同的基本数据类型，当发生下列情况时，编译器会进行自动类型转换。

➤ 当算术表达式或逻辑表达式中操作数的类型不相同时。

➤ 当赋值运算符右侧表达式的类型和左侧变量的类型不匹配时。

➤ 当函数调用中使用的参数类型与其对应的参数的类型不匹配时。

➤ 当 return 语句中表达式的类型和函数返回值的类型不匹配时。

对于后面两种情况，将在后文中介绍。

1．算术运算中的转换

当一个整数转换成浮点数时，精度可能有损失，例如 3.5.3 小节中将 123456789 赋值给 float 型的变量 f，f 实际得到的值是 123456792.000000。相反，把浮点数转换成整数，将会损失小数部分。更糟糕的是，如果原始数值超过需转换类型的数值范围，即大于最大的整数或者小于最小的整数，将会得到一个完全没有意义的结果。

➤ 二元算术运算符涉及的自动类型转换

例如，在 4.1.2 小节中讲述的除法运算，当两个整数进行除法运算时，结果会自动转换为整数，即丢弃小数部分；当至少有一个浮点数参与除法运算时，结果才是浮点数，即保留小数部分。

➤ 操作数的自动类型转换

常用操作数的类型转换策略是把操作数的类型转换成安全的、适用于两个操作数的"最狭小的"数据类型。例如，如果变量 i 是 int 型的，变量 f 是 float 型的，对于表达式 i+f 来说，显然把变量 i 的类型转换成 float 型，匹配变量 f 的类型，比把变量 f 的类型转换成 int 型，匹配变量 i 的类型更安全。

因此，为了统一操作数的类型，C 语言中通常将相对狭小的类型转换成另一个操作数的类型。操作数的转换规则可以划分成两种情况。

（1）任一操作数的类型是浮点类型

如果有一个操作数的类型为 long double 型，那么把另一个操作数的类型转换成 long double 型；如果有一个操作数的类型为 double 型，那么把另一个操作数的类型转换成 double 型；如果有一个操作数的类型是 float 型，那么把另一个操作数的类型转换成 float 型。

例如，上面 i+f 的例子，int 型数和 float 型数相加，编译器会将 int 型数转换为 float

型数。再如，如果变量 i 是 long int 型的，另一个变量 j 是 double 型的，那么它们之间的运算就要把 long int 型转换成 double 型。

（2）两个操作数的类型都是（或相当于）整数类型

相当于整数类型是指字符类型，枚举型也包括在此种情况内。

如果有一个操作数的类型为 unsigned long 型，那么把另一个操作数的类型转换成 unsigned long 型；如果有一个操作数的类型为 long 型，那么把另一个操作数的类型转换成 long 型；如果有一个操作数的类型是 unsigned int 型，那么把另一个操作数的类型转换成 unsigned int 型；如果有一个操作数的类型是 int 型，那么把另一个操作数的类型转换成 int 型。

例如，如果变量 i 是 int 型的，变量 j 是 long 型的，对于表达式 i+j，编译器会把变量 i 的类型转换成 long 型，匹配变量 j 的类型。

> **注意：** 当对有符号整数和无符号整数进行整合时，会通过把符号位看成数的位的方法，将有符号数转换成无符号数。这条规则可能会导致某些隐蔽的编程错误，因此要尽量避免把无符号整数与有符号整数混合使用。

下面举一个操作数自动类型转换的例子。

```
char val_c;
short val_s;
int val_i;
unsigned int val_u;
long val_l;
unsigned long val_ul;
float val_f;
double val_d;
long double val_ld;

val_i=val_i+val_c;          /* val_c 的类型转换为 int 型 */
val_i=val_i+val_s;          /* val_s 的类型转换为 int 型 */
val_u=val_u+val_i;          /* val_i 的类型转换为 unsigned int 型 */
val_l=val_l+val_u;          /* val_u 的类型转换为 long 型 */
val_ul=val_ul+val_l;        /* val_l 的类型转换为 unsigned long 型 */
val_f=val_f+val_ul;         /* val_ul 的类型转换为 float 型 */
val_d=val_d+val_f;          /* val_f 的类型转换为 double 型 */
val_ld=val_ld+val_d;        /* val_d 的类型转换为 long double 型 */
```

2．赋值运算中的转换

在 4.2.1 小节赋值表达式中讲到赋值运算符右边值的类型需要转换成左边变量的类型。例如，如果赋值运算符右边为浮点数，而左边变量的类型为整型，编译器会将右边的浮点数的类型自动转换为整型，即丢弃小数部分。如果赋值运算符右边为整数，而左边变量的类型为浮点型，编译器会将右边的整数的类型自动转换为浮点数，即增加小数部分。

下面举一个赋值运算中自动类型转换的例子。

```
char val_c;
int val_i;
```

```
float val_f;
double val_d;
val_i=val_c;          /* val_c 的类型转换为 int 型 */
val_f=val_i;          /* val_i 的类型转换为 float 型 */
val_d=val_f;          /* val_f 的类型转换为 double 型 */
```

在上述例子中，赋值运算符右边值类型的数据范围都比赋值运算符左边变量类型的数据范围小，因此赋值之后可以视为将原来值的数据范围扩大了。

再如下面整型变量与浮点变量赋值的例子。

```
int i,j;
float f;
i=35.6f;              /* i 的存储空间存放 35 */
j=-35.6f;             /* j 的存储空间存放-35 */
f=-35;               /* f 的存储空间存放-35.0 */
f=35.6f;             /* f 的存储空间存放 35.6 */
```

上述 4 个赋值运算中，前 2 个赋值运算符右边值类型的数据范围比赋值运算符左边变量类型的数据范围大，也就是把值赋给一个较狭小类型的变量，赋值之后数值精度降低。另外，如果将一个浮点常量赋值给一个 float 型的浮点变量，建议在该浮点常量后面添加后缀 f，例如上面第 4 个赋值运算。如果没有后缀，浮点常量将被视为 double 型值，将 double 型转换为 float 型，编译器可能会产生警告信息。

> **注意**：如果取值在变量类型的数据范围之外，那么把值赋给一个较狭小类型的变量将会得到无意义的结果，示例如下。
>
> ```
> char val_c;
> int val_i;
> float val_f;
> val_c=2000;      /* 发生溢出 */
> val_i=2.0e20;    /* 发生溢出 */
> val_f=2.0e100;   /* 发生溢出  */
> ```

4.8.2　强制类型转换

除了自动类型转换，C 语言还提供强制运算符实现类型转换。强制类型转换表达式的一般语法格式如下。

```
(类型名) 表达式
```

其中类型名表示的是表达式应该转换成的类型。

> **注意**：C 语言把"(类型名)"视为一元运算符。一元运算符的优先级可参考表 4-6。

例 4-28：

```
int i;
float f=35.6f;
i=(int) f;           /* f 被强制转换成 int 型数据，值为 35，小数部分被舍弃 */
```

> ⚠ **注意**：只要 f 的数值不超出 int 型的数据范围，这样的强制类型转换就是允许的。

例 4-29：计算 float 型数值的小数部分。

```
float f,frac_part;
frac_part=f-(int)f;
```

> ⚠ **注意**：当 f 的数值不超出 int 型的数据范围时是可以这样计算的。

例 4-30：在整数进行除法运算时需要保留小数部分。

```
float quotient;
int dividend,divisor;
```

为了避免除法运算截断小数部分，需要强制转换其中一个操作数，如下所示。

```
quotient=(float)dividend/divisor;
```

C 语言把"(类型名)"视为一元运算符，其优先级高于二元运算符，所以编译器会把表达式(float)dividend/divisor 解释为((float)dividend)/divisor。上述语句还可以写成其他语句形式，实现同样效果，如下所示。

```
quotient=dividend/(float)divisor;
```

或者

```
quotient=(float)dividend/(float)divisor;
```

但是如果写成如下形式，则根据除法运算规则，两个整数相除结果还是整数，即会舍弃小数部分。

```
quotient=dividend/divisor;
```

例 4-31：通过强制类型转换来避免溢出。

```
long i;
int j=1000;
i=j*j; /* 赋值运算符右边的 j 为 int 型数据，乘积也是 int 型数据，根据 int 型的数据范围，乘积会溢出 */
```

这时可用强制类型转换来避免这个问题，示例如下。

```
i=(long)j*j;
```

或者

```
i=j*(long)j;
```

上述语句中，赋值运算符右边的 j 被强制转换为 long 型数据，由 4.8.1 小节操作数的自动类型转换可知，当一个 j 转换为 long 型数据之后，乘积会自动转换为 long 型数据（因此没有必要对两个 j 都用强制类型转换）。根据 long 型的数据范围可知，乘积没有超出数据范围。

思考以下语句是否也能避免溢出。

```
i=(long)(j*j);
```

上述语句中，赋值运算符右边通过使用圆括号，(j*j)成为了单独的部分，但是此时 j 是 int

型数据，相当于前述语句中的 i=j*j，因此乘积仍为 int 型数据，一样会溢出。虽然使用了强制类型转换，但是溢出在强制类型转换之前就已发生，即强制类型转换没能发挥作用。

> 提示：对于本节的内容，读者可以通过慕课视频 7.4 进行巩固。

习题 4

1. 如果 i 和 j 都是 int 型变量，表达式 i/j+'a'是（　　）型的。
    A. int
    B. float
    C. char
    D. double

2. 如果 i 是 int 型变量，j 是 long 型变量，d 是 double 型变量，表达式 i*f/d 是（　　）型的。
    A. int
    B. float
    C. char
    D. double

3. 如果 i 是 int 型变量，j 是 long 型变量，u 是 unsigned int 型变量，表达式 i+(int)j*u 是（　　）型的。
    A. int
    B. unsigned int
    C. long
    D. double

4. 下面的表达式（　　）能根据 i 是否小于、等于或大于 j，分别取值-1、0 或+1。
    A. (i>j)−(i<j)
    B. (i>j)+(i<j)
    C. (i<j)+(i>j)
    D. (i<j)−(i>j)

5. 如果程序包含下面的变量声明，给出表达式（1）～（6）的值和数据类型。

```
char c='M';
short s=30;
int i=15;
long m=99;
float f=3.14f;
double d=2.1;
```

（1）s−m   （2）f/c   （3）f+d
（4）c*i   （5）d/s   （6）(int)f

6. 写出下面程序片段的运行结果。

```
int i,j,k;
```

（1）

```
i=2;j=3;
k=i*j==6;
printf("%d",k);
```

（2）

```
i=7;j=9;k=8;
printf("%d",k>i<j);
```

（3）

```
i=1;j=2;k=3;
printf("%d",i<j==j>k);
```

（4）

```
i=1;j=2;k=3;
printf("%d",i%j-i<k);
```

（5）

```
i=3;j=4;
printf("%d",!i<j);
```

（6）

```
i=2;j=4;
printf("%d",!!i+!j);
```

（7）

```
i=100;j=0;k=-100;
printf("%d",i&&j||k);
```

（8）

```
i=10;j=20;k=30;
printf("%d",i<j||k);
```

（9）

```
i=1;j=2;k=3;
i *=j *=k;
printf("%d %d %d",i,j,k);
```

（10）

```
i=4;j=5;k=6;
printf("%d",i<j||++j<k);
printf("%d %d %d",i,j,k);
```

（11）

```
i=8;j=9;k=10;
printf("%d",i-7&&j++<k);
printf("%d %d %d",i,j,k);
```

（12）

```
i=8;j=9;k=10;
```

```
printf("%d",(i=j)||(j=k));
printf("%d %d %d",i,j,k);
```

（13）

```
i=1;j=1;k=1;
printf("%d",++i||++j&&++k);
printf("%d %d %d",i,j,k);
```

（14）

```
i=6;j=2;k=7;
printf("%d",i++-j+++--k);
printf("%d %d %d",i,j,k);
```

（15）

```
i=-1;j=4;
k=(i++<=0)&&(!(j--<=0));
printf("%d %d %d",i,j,k);
```

7. 假设 i 和 j 都为 int 型变量，i 的初始值为 2，j 的初始值为 6。假设下面每条语句都基于 i 和 j 的初始值，分别写出每条语句执行后 i 和 j 的结果。

（1）i+=j;

（2）j--;

（3）i++;

（4）i=i*j/i;

（5）i=i%++j;

8. 为下面的表达式添加圆括号，说明 C 语言编译器如何分解这些表达式。

（1）i*j+k*m-n;

（2）i/j%k/m;

（3）-i+j-k-+m;

（4）i*-j/k-m;

9. 假设 i 为 int 型变量，分别写出 i 的值为 10 或者 i 的值为-1 时，下面程序片段的运行结果。

```
printf("%d\n",i>=0?i:-i);
```

10. 编写程序，将输入的一个 3 位数按照数位的逆序输出。程序的运行结果示例如下。

```
Enter a three-digit number:296
The reversal is:692
```

🔍 提示：最少用两种方法实现，其中一种方法可以考虑使用 scanf 函数的%1d 实现。

第 5 章

选择

C 语言允许程序在多个可选项中根据条件选择一条特定的执行路径，这是通过选择语句实现的。每个选择语句都有一个表达式，依据表达式的值是否为真（非 0 值），决定是否执行语句。如果表达式的值为真则执行，否则不执行。

本章重点介绍 C 语言提供的两种选择语句：if 语句和 switch 语句。

5.1 if 语句

前文涉及的程序采用顺序执行结构，顺序执行示意如图 5-1 所示。本章将讲解有路径选择的结构。

图 5-1　顺序执行示意

5.1.1 简单 if 语句

C 语言的 if 语句提供了程序执行"二选一"的方式。简单 if 语句的一般语法格式如下。

```
if(表达式)语句
```

其通常会写成如下格式。

```
if(表达式)
    语句
```

> 💡 **注意**：表达式两边的圆括号是 if 语句的组成部分，无论表达式本身是简单的还是复杂的，圆括号必须写。简单 if 语句的执行过程：首先计算表达式的值，如果表达式的值非 0（成立/真），则执行其后面的语句；为 0（不成立/假），则不执行其后面的语句。简单 if 语句执行示意如图 5-2 所示。有些语言中 if 后面要接 then，但是 C 语言里没有 then。

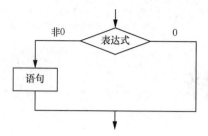

图 5-2 简单 if 语句执行示意

例 5-1：判断 ch 的值是否含有小写字母，如果含有，则把 ch 的值转换为相应的大写字母。

```
char ch;
…      /* 对 ch 的若干操作*/
if('a'<=ch&&ch<='z')
    ch=ch-'a'+'A';
```

if 语句可以通过一对花括号包含若干条语句（只有一条语句也可以），构成复合语句，这时 if 语句的语法格式如下。

```
if(表达式){
  语句1
  语句2
  …
  语句n
}
```

例 5-2：判断变量 flag 是否为真，如果为真，则执行若干语句。

```
int flag;
#define TRUE 1
…          /* 对 flag 执行若干操作 */
if(flag==TRUE)
{
  …
}
```

💡 **注意**：如 4.3.3 小节所述，if(i==j)容易误写成 if(i=j)。对于这两种写法编译器都不会报错，但是语句含义相差甚远。为了避免这类错误，借助常量不能作为赋值运算符的左值的特点，写成 if(10==i)形式比 if(i==10)形式更妥当。因为，即便误写成 if(10=i)，编译器也会报错，从而起到提醒作用。

例 5-3：判断执行的行数是否达到最大行数，如果是，则复位行计数器，页数增加 1。

```
#define MAX_LINES 100
int line_num=0,page_num=0;
…          /* 对 line_num、page_num 执行若干操作 */
if(line_num==MAX_LINES)
{
    line_num=0;
    page_num++;
}
```

if 语句中的表达式常用于判断变量是否等于某个值（value）或者是否处于某个范围内或某个范围外，因此，if 语句的常见用法如下。

➢ 变量是否等于某个值。

```
if(value==i)…
```

➢ 变量是否处于某个范围[value1, value2]内。

```
if(i>=value1&& i<=value2)…
```

➢ 变量是否处于某个范围[VALUE1, VALUE2]外。

```
if(i<value1||i>value2)…
```

5.1.2　if-else 语句

比简单 if 语句更常用的是 if-else 语句，其一般语法格式如下。

```
if(表达式)语句1
  else 语句2
```

通常写成如下形式。

```
if(表达式)
  语句1
else
  语句2
```

if-else 语句的执行过程：首先计算表达式的值，如果表达式的值非 0（成立/真），则执行语句 1；如果表达式的值为 0（不成立/假），则执行语句 2。if-else 语句执行示意如图 5-3 所示。

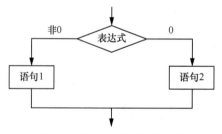

图 5-3　if-else 语句执行示意

例 5-4：比较 i 和 j 的值的大小，将较大值放到 max 中。

```
int i,j,max;
…        /* 对 i 和 j 的若干操作 */
if(i>j)
  max=i;
else
  max=j;
```

利用在 4.5 节中讲到的条件运算符，上述语句中的后 4 条语句可以替换为下面的语句。

```
max=i>j?i:j;
```

或者写为如下语句。

```
max=(i>j)?i:j;
```

例 5-5： 比较 i 和 j 的值的大小，输出较大的那个值。

```
int i,j;
…    /* 对 i 和 j 的若干操作 */
if(i>j)
  printf("The bigger one is %d\n",i);
else
  printf("The bigger one is %d\n",j);
```

利用在 4.5 节中讲到的条件运算符，上述语句可以替换为下面的语句。

```
printf("The bigger one is %d\n",i>j?i:j);
```

或者写为如下语句。

```
printf("The bigger one is %d\n",(i>j)?i:j);
```

if-else 语句可以通过一对花括号包含若干条语句（只有一条语句也可以），构成复合语句，这时 if-else 语句的语法格式如下。

```
if(表达式){
  语句1
  语句2
  …
  语句n
}
else{
  语句n+1
  语句n+2
  …
  语句n+m
}
```

5.1.3 嵌套的 if 语句

在 if 语句中，表达式判断成功与否后所执行的语句也可以是 if 语句，其作用是实现进一步判断。嵌套的 if 语句的一般语法格式如下。

```
if(表达式1)
  if(表达式2)
    语句1
  else
    语句2
else
  if(表达式3)
    语句3
  else
    语句4
```

if 语句可以嵌套任意层。为了使读者阅读程序时更容易辨别嵌套层次关系，C 语言编程规范约定将每个 else 和与它匹配的 if 对齐排列，并且无论是否包含多条语句，都使用花括号形成复合语句。此时，嵌套的 if 语句的语法格式如下。

```
if(表达式1){
    if(表达式2){
        …}
    else {
        …}
}
else{
    if(表达式3){
        …}
    else {
        …}
}
```

例如，要比较 i、j 和 k 这 3 个变量值的大小，并将最大值放在变量 max 中，可以用如下代码实现。

```
int i,j,max;
…        /* 对i和j的若干操作 */
if(i>j){
    if(i>k)
      max=i;
    else
      max=k;
}
else {
    if(j>k)
      max=j;
    else
      max=k;
}
```

5.1.4 级联式 if 语句

级联式 if 语句仍然是 if 语句，不是新类型的语句。编程中有时需要判定一系列条件，因而 else 后面又是一条 if 语句。有时为了避免判定数量过多而造成过度缩进，虽然第二个 if 语句嵌套在第一个 if 语句内部，但不对它进行缩进，将每个 else 都与最初的 if 对齐。这种情况下，级联式 if 语句的语法格式如下。

```
if(表达式1)
  语句1
else if(表达式2)
  语句2
…
else if(表达式m)
  语句m
else
  语句m+1
```

级联式 if 语句的执行过程：首先计算表达式 1 的值，如果表达式 1 的值非 0（成立/真），则执行语句 1；如果表达式 1 的值为 0（不成立/假），则计算表达式 2 的值；如果表达式 2 的值非 0（成立/真），则执行语句 2；如果表达式 2 的值为 0（不成立/假），则计算表达式 3 的值······级联式 if 语句执行示意如图 5-4 所示。

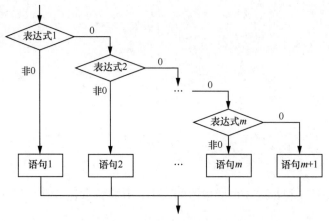

图 5-4   级联式 if 语句执行示意

级联式 if 语句可以通过一对花括号包含若干条语句（只有一条语句也可以），构成复合语句。此时，级联式 if 语句的语法格式如下。

```
if(表达式 1){
...
}
else if(表达式 2){
   ...
}
else if(表达式 m){
   ...
}
else {
   ...
}
```

下面的程序 grade.c 能根据用户输入的分数，判断成绩的等级。

```
/* grade.c */
#include<stdio.h>
int main(void)
{
  int grade;

  printf("Enter numerical grade:");
  scanf("%d",&grade);

  if(grade<0||grade>100){
    printf("Illegal grade\n");
    return 0;
  }

  if(grade>=90&&grade<=100)
    printf("Letter grade:A\n");
  else if(grade>=80)
    printf("Letter grade:B\n");
```

```
else if(grade>=70)
  printf("Letter grade:C\n");
else if(grade>=60)
  printf("Letter grade:D\n");
else
  printf("F\n");

return 0;
}
```

程序的运行结果如下。

```
Enter numerical grade:90
Letter grade:A
```

5.1.5　悬空 else 问题

所谓悬空（dangling）else 问题，是指当 if 语句嵌套时，else 和 if 的匹配问题。C 语言中规定，else 与离它最近的 if 语句匹配。注意：不要以缩进格式作为判断依据。例如，计算 10*x+1/y 的值，如果 y 的值为 0，则提示 y 无效，代码如下。

```
int x,y;
…              /* 对 x 和 y 的若干操作 */
if(y!=0)
   if(x!=0)
       result=10*x+1/y;
else
   printf("Invalid y\n");
```

如果以缩进为依据，else 仿佛和外层 if 匹配，但实际和内层 if 匹配。为了让 else 和外层 if 匹配，可以采用花括号明确约定，如下所示。

```
int x,y;
…              /* 对 x 和 y 的若干操作 */
if(y!=0){
   if(x!=0)
       result=10*x+1/y;
}
else {
   printf("Invalid y\n");
}
```

🔍 提示：读者可以通过慕课视频 5.1 和视频 5.2 来巩固 5.1 节所学的内容。

5.2　switch 语句

C 语言的 switch 语句提供多分支选择，switch 语句的结构比级联式 if 语句的结构更清晰。

switch 语句的一般语法格式如下。

```
switch(表达式){
    case 常量表达式 1:语句系列 1
```

```
   case 常量表达式 2:语句系列 2
   …
   case 常量表达式 n:语句系列 n
   …
   [default:语句系列 n+1]
}
```

switch 语句的执行过程：首先计算表达式的值，然后对该值与每个 case 分支的常量表达式的值进行匹配，匹配成功了就执行该分支的语句系列，直到遇到 break 语句或者 switch 语句块的右花括号。

switch 表达式要求是整型（C 语言的字符类型、枚举型也以整型处理）的，不能是浮点型的或字符串字面量。花括号内每个分支开头都有一个分支标号，其格式如下。

case 常量表达式:

case 常量表达式的类型需要与 switch 表达式的类型一致。注意：每个分支标号后可以跟任意数量的语句，且不需要花括号，称为语句系列。提醒读者注意：每个语句系列的最后通常是一条 break 语句。

default 分支用于处理 switch 表达式的值与所有 case 常量表达式的值都不匹配的情况，它不是必需的部分。如果不需要可以不使用它，但是从逻辑严谨性的角度考虑，推荐使用。

C 语言不允许使用重复的分支标号，但是对分支的顺序没有要求，包括 default 分支也没有要求必须放在最后。但是，从代码可读性角度考虑，通常分支标号会按照一定顺序排列，比如从小到大的顺序，default 分支也通常会放在最后。

下面用 switch 语句重写程序 grade.c 实现的功能。

```
/* grade1.c */
#include<stdio.h>
int main(void)
{
  int grade;

  printf("Enter numerical grade:");
  scanf("%d",&grade);

  if(grade<0||grade>100){
    printf("Illegal grade\n");
    return 0;
  }

  switch(grade/10){
    case 10:
    case 9:printf("Letter grade:A\n");
          break;
    case 8:printf("Letter grade:B\n");
          break;
    case 7:printf("Letter grade:C\n");
          break;
    case 6:printf("Letter grade:D\n");
          break;
    case 5:
    case 4:
    case 3:
```

```
        case 2:
        case 1:
        case 0:printf("Letter grade:F\n");
                break;
        }

    return 0;
}
```

程序的运行结果如下。

```
Enter numerical grade:56
Letter grade:F
```

💡 **注意**：switch(grade/10)是关键，将分数段转换为 0～10 的整数，从而在各个 case 分支中分情况输出。如果不进行分数段的转换，直接将分数（grade）作为 switch 的表达式的值，分支标号将非常多，即 0～100，一共需要 101 个分支标号。

不是每个分支标号后面都必须有独立的语句，可以几个分支标号共用一个语句系列，如 case 5 到 case 0 可共用 "printf("Letter grade:F\n");" 语句。

执行 break 语句可以使程序跳出 switch 语句，接着执行 switch 语句块后面的语句。如果没有 break 语句，程序就会从一个分支继续执行到下一个分支，直到遇到右花括号。示例如下。

```
int score;
…          /* 对 score 执行的若干操作 */
switch(score){
  case 0:printf("Failing\n");
  case 1:printf("Pass\n");
  case 2:printf("Good\n");
  case 3:printf("Excellent\n");
  default:printf("Invalid score\n");
}
```

在上述例子中，如果 score 为 2，则程序的运行结果如下。

```
Good
Excellent
Invalid score
```

💿 **提示**：读者可以通过慕课视频 5.6 来巩固 5.2 节所学的内容。

习题 5

1. 假设 score 为 int 型变量，请将下面的 if 语句简化为一条语句。

```
if(score>=60)
   if(score<=100)
     grade=1;
   else
     grade=0;
else if(score<60)
```

```
    grade=0;
```

2. 写出下面程序片段的运行结果。

```
grade=3;
switch(grade%3)
{
    case 0:printf("Excellent\n");
    case 1:printf("Failing\n");
    case 2:printf("Pass\n");
    case 3:printf("Good\n");
}
```

3. 编写程序，根据输入的工资输出对应的个税税率。个税税率如表 5-1 所示。

表 5-1　个税税率

工资范围/元	个税税率
1～5000	0
5001～8000	3%
8001～17000	10%
17001～30000	20%
30001～40000	25%
40001～60000	30%
60001～85000	35%
85001 及以上	45%

程序的运行结果示例如下。

```
Enter salary:20000
The tax rate:20%
```

4. 编写程序，根据输入的存款本金（元）和存款期限（月）输出到期时获得的利息。银行存款利率如表 5-2 所示。

表 5-2　银行存款利率

银行存款类型	银行存款利率
活期存款	0.35%
3 个月	1.10%
半年	1.30%
1 年	1.50%
2 年	2.10%
3 年及以上	2.75%

程序的运行结果示例如下。

```
Enter deposit amount:20000
Enter deposit term(month):24
The interest:419.999981
```

🔍 提示：约定活期存款对应的月数为 0。存款本金和利息都是浮点型。

5. 编写程序实现将 12 小时制的时间转换为 24 小时制的时间。程序的运行结果示例如下。

```
Enter a 12-hour time:7:00 PM
Equivalent 24-hour time:19:00
```

💧 **注意**：输入的时间格式为"时:分"后面接 AM 或 PM（大小写都可以），时间数值和 AM 或者 PM 之间可以有空格符，也可以没有空格符。

6. 编写程序，从输入的 4 个整数中找出最大值和最小值。要求：尽可能少用 if 语句。程序的运行结果示例如下。

```
Enter four integers:17 27 100 95
The largest one:100
The smallest one:17
```

7. 编写程序，根据输入的 3 个整数（边长）判断它们是否可以构成一个三角形。如果可以构成三角形，计算该三角形的面积。程序的运行结果示例如下。

```
Enter three numbers:3 4 5
The area is:6.0
```

🔍 **提示**：（1）构成三角形的充要条件是任意两边边长的和要大于第 3 条边的边长。假设三角形 3 边长分别为 a、b、c，计算该三角形的面积 S 时可以使用海伦公式：设 p =(a+b+c)/2，则 $S = \sqrt{p(p-a)(p-b)(p-c)}$。

（2）如果不能构成三角形，则面积输出 0。

8. 编写程序，根据输入的身高（m）和体重（kg）计算身体质量指数（body mass index，BMI）。BMI 介于 18.5 和 23.9 之间（包含 18.5 和 23.9）为正常（用 N 表示），判断计算出的 BMI 是否在正常范围内。程序的运行结果示例如下。

```
Enter weight and height:50 1.6
Normal(Y/N):Y
```

🔍 **提示**：假设体重为 w，身高为 h，BMI 的计算公式为 $BMI = w \div h^2$。

9. 编写程序，在习题 8 的基础上细化 BMI 的分级：BMI<18.5 为偏瘦（underweight），BMI≥18.5 且 BMI≤23.9 为正常（normal），BMI>23.9 且 BMI<28 为偏胖（overweight），BMI≥28 且 BMI<30 为肥胖（obesity），BMI≥30 且 BMI<40 为重度肥胖（severe obesity），BMI≥40 为极重度肥胖（extremely severe obesity），分别用 U、N、W、O、S、E 表示。程序的运行结果示例如下。

```
Enter weight and height:50 1.6
Level(U/N/W/O/S/E):N
```

10. 编写程序，从输入的 2 个日期中找出较早的那个日期。程序的运行结果示例如下。

```
Enter first date(dd/mm/yy):27/10/2019
Enter second date(dd/mm/yy):7/1/2020
27/10/2019 is earlier date.
```

第6章 循环

实际应用中经常会重复执行一些操作，例如累加求和、迭代求解、递归求解等。在 C 语言中，循环（loop）是重复执行若干语句（循环体）的一种程序控制结构。循环这种程序控制结构在 C 语言程序中非常重要。

每个循环都有一个控制表达式。依据控制表达式的值是否为真（非 0 值），决定是否继续执行循环。如果表达式的值为真，那么继续执行循环；否则结束循环。

本章重点介绍 C 语言提供的 3 种循环语句：while 语句、do-while 语句和 for 语句。

6.1 计数循环和不确定循环

C 语言中循环由两个部分构成：循环体和循环控制条件。循环体可以通过一对花括号包含若干条语句来构成复合语句。

根据循环控制条件的循环次数是否明确，一般可将循环分为两种类型：计数循环和不确定循环。如果循环次数在循环执行之前就已经明确，就称为计数循环。例如，求解 1 到 1000 所有整数的累加和的循环就是计数循环。对于计数循环，其需要包含以下 3 方面的内容：

➢ 计数器（循环控制变量）初始化；
➢ 计数器（循环控制变量）的当前值与循环限定值比较；
➢ 计数器（循环控制变量）更新。

不确定循环是指循环次数在循环执行之前并不明确，需要根据逻辑表达式的值判断是否执行循环。逻辑表达式的值可能会随着表达式里变量值的更新而改变。例如，转换用键盘输入字符的大小写（输入的大写字符转换为小写字符，输入的小写字符转换为大写字符），直到输入换行符才停止的循环就是不确定循环，因为用键盘输入字符的个数在循环执行之前并不明确。

无限循环是一类特殊的循环，意味着循环体会永远执行。一般情况下，无限循环被视为不正常的情况。但是，在嵌入式系统中，编写多任务嵌入式应用软件时，无限循环是每个任务程序结构的主体。

6.2 while 语句

6.2.1 while 语句简介

while 语句是最简单、最基本的循环设置方法，其语法格式如下。

```
while(控制表达式)语句
```

通常也会写成如下格式。

```
while(控制表达式)
    语句
```

其中语句为循环体。执行 while 语句时，首先计算控制表达式的值。如果控制表达式的值不为 0（成立/真），那么执行循环体，并再次计算控制表达式的值进行判定。这个过程持续进行，直到控制表达式的值变为 0（不成立/假）。

例 6-1：一个简单的 while 语句的例子。

```
int i,n;
i=0;
n=100;
while (i<n)
    printf("Hello,world No.%d\n",i++);
```

上述代码将输出 100 个句子，第一个句子为"Hello,world No.0"，最后一个句子为"Hello,world No.99"。表达式 i<n 为控制表达式。printf 语句中对变量 i 自增。下面展示 while 语句执行循环的示意过程。

```
i 的值为 0，n 的值为 100
i<n 成立吗?              成立，输出（第 1 次输出）
i 的值为 1
i<n 成立吗?              成立，输出（第 2 次输出）
i 的值为 2
i<n 成立吗?              成立，输出（第 3 次输出）
i 的值为 3
...
i 的值为 99
i<100 成立吗?            成立，输出（第 100 次输出）
i 的值为 100
i<100 成立吗?            不成立，退出循环
```

思考：例 6-1 里的 printf 语句如果写成下面这样，两者的运行结果是否有差异？

```
while (i<n)
    printf("Hello,world No.%d\n",++i);
```

例 6-2：用 while 语句实现计算 1 到 1000 所有整数的累加和。

```
int i,n,sum;
i=1;
sum=0;
n=1000;
while (i<=n)
    sum+=i++;
```

while 语句的循环体可以通过一对花括号包含若干条语句（只有一条语句也可以）来构成复合语句。这时 while 语句的语法格式如下。

```
while(控制表达式)
{
```

```
    语句 1
    语句 2
    …
    语句 n
}
```

例 6-3：将例 6-1 写成包含复合语句的 while 语句。

```
int i,n;
i=0;
n=100;
while (i<n)
{
    printf("Hello,world No.%d\n",i);
    i++;
}
```

例 6-4：将例 6-2 写成包含复合语句的 while 语句。

```
int i,n,sum;
i=1;
sum=0;
n=1000;
while (i<=n)
{
    sum+=i;
    i++;
}
```

关于 while 语句的一些讨论如下。

➤ 循环体可能一次都不执行。

控制表达式在循环体执行之前进行判定，因此，while 循环体可能一次都不执行。示例如下。

```
int i,n;
i=10;
n=10;
while (i<n)
{
    printf("Hello,world No.%d\n",i++);
}
```

因为循环体一次都不运行，上述循环没有输出。

➤ 无限循环。

如果 while 控制表达式的值始终非 0（真），while 语句将无法终止。示例如下。

```
while(1)…
```

对于无限循环，除非循环体含有跳出循环控制的语句，例如 break、goto、return 语句等，或者调用了导致程序终止的函数，否则这种形式的 while 语句将永远执行下去。

➤ while 语句经常与 getchar 函数配合，编写需从键盘输入字符的程序。

通常情况下，getchar 函数不会跳过空白字符，所以它很容易检查到输入行的结束标记，检查刚读入的字符是否为换行符。getchar 函数还有一个优点：因为返回的是读入的字符，所以 getchar 函数可以应用于需要对读入字符进行判断的程序实现。例如，用键盘输入字符进行若干操作，直到按"Enter"键换行为止，可以用以下代码实现。

```
char ch;
while((ch=getchar())!='\n')
{
    ...
}
```

甚至变量 ch 都可以不需要，直接把 getchar 函数的返回值与换行符进行比较，如下所示。

```
while(getchar()!='\n')
{
    ...
}
```

getchar 函数也常用于搜寻特定字符。例如，如果要跳过用键盘输入的若干空格符，可以写成如下形式。

```
while((ch=getchar())==' ')
    ;  /* 注意：循环体里只有一个分号，表示一条空语句 */
```

这里为了强调空语句进行了换行，也可以写成下面这样：

```
while((ch=getchar())==' ');    /* 循环体是一条空语句 */
```

当循环终止时，变量 ch 会包含 getchar 函数读到的第一个非空格符的字符。注意：空语句表示不执行任何动作，在一些特定场合非常有用。有关空语句的内容具体参考 6.7 节。

6.2.2 while 语句示例

程序 squarecubic.c 输出给定数的平方值、三次方值列表。可以采用 scanf 函数读取输入的整数。由于要计算给定整数范围内的平方值和三次方值，考虑使用循环结构。另外，因为已明确循环次数，所以该循环是计数循环。

```
/* squarecubic.c */
#include<stdio.h>
int main(void)
{
    int i,n;
    printf("Enter number of entries in table:");
    scanf("%d",&n);
    i=1;
    while (i<=n){
        printf("%10d%10d%10d\n",i,i*i,i*i*i);
        i++;
    }
    return 0;
}
```

程序的运行结果如下。

```
Enter number of entries in table:5
        1         1         1
        2         4         8
        3         9        27
```

```
        4        16        64
        5        25        125
```

程序 sum.c 得到键盘输入的一系列整数并对输入的整数数列求和,当用户输入 0 的时候,退出循环,并求之前数据之和。

```
/* sum.c */
#include<stdio.h>
int main(void)
{
  int i,sum=0;
  printf("Enter integers (0 to terminate):");
  scanf("%d",&i);
  while(i!=0){
    sum+=i;
    scanf("%d",&i);
  }
  printf("The sum is:%d\n",sum);
  return 0;
}
```

程序的运行结果如下。

```
Enter integers(0 to terminate):-1  10  25  99  100  0  12  13
The sum is:233
```

注意:虽然输入的整数数列在 0 后面还有 12 和 13,但是因为 while 语句以 0 作为结束条件,所以 12 和 13 并没有参与累加和的计算。

程序 length.c 计算输入消息的长度。可以采用 scanf 函数读取字符,但 getchar 函数更常用。由于要统计消息中的字符个数,所以考虑使用循环结构。由于不确定输入字符的数量,所以该循环是不确定循环,可考虑使用 while 语句。注意:消息的字符包括空格符和标点符号,但是不包含消息结尾处的换行符。

```
/* length.c */
#include<stdio.h>
int main(void)
{
    char ch;
    int len=0;
    printf("Enter a message:");
    ch=getchar();
    while(ch!='\n'){
        len++;
        ch=getchar();
    }
    printf("The length of this message is %d characters.",len);
    return 0;
}
```

程序的运行结果如下。

```
Enter a message:C programming language
The length of this message is 22 characters.
```

上述程序还可以省略变量 ch，写成如下更简洁的形式。

```
/* length1.c */
#include<stdio.h>
int main(void)
{
    int len=0;
    printf("Enter a message:");
    while(getchar()!='\n')
        len++;
    printf("The length of this message is %d characters.\n",len);
    return 0;
}
```

提示：读者可以通过慕课视频 6.1 和视频 6.2 来巩固 6.2 节所学的内容。

6.3 do-while 语句

do-while 语句的一般语法格式如下。

```
do 语句 while(控制表达式);
```

通常写成如下形式。

```
do
    语句
while(控制表达式);    /* 注意：while 之后的分号不要遗漏 */
```

其中语句为循环体。在 do-while 语句中，先执行循环体，再计算控制表达式的值。如果控制表达式的值非 0（真），那么再次执行循环体，然后计算控制表达式的值。注意：与 while 语句相比，do-while 语句先执行循环体，所以无论控制表达式的值是否非 0，循环体至少会被执行一次。

例 6-5：一个简单的 do-while 语句的例子。

```
int i,n;
i=0;
n=100;
do
    printf("Hello,world No.%d\n",i++);
while(i<n);         /* 注意分号不要遗漏 */
```

do-while 语句的循环体可以通过一对花括号包含若干条语句（只有一条语句也可以），构成复合语句。这时 do-while 语句的语法格式如下。

```
do
{
    语句 1
    语句 2
    ...
    语句 n
}while(控制表达式);    /* 注意：while 之后的分号不要遗漏 */
```

建议对所有的 do-while 语句都使用花括号，这样可以避免将 while 部分误看成 while 语句的开始。

例 6-6：将本节的例 6-5 写成包含复合语句的 do-while 语句。

```
int i,n;
i=0;
n=100;
do
{
    printf("Hello,world No.%d\n",i);
    i++;
}while(i<n);          /* 注意分号不要遗漏 */
```

程序 digits.c 计算用户输入的正整数的位数，可以将输入的正整数反复除以 10，直到结果变为 0，除法运算的次数就是该整数的位数。

```
/* digits.c */
#include<stdio.h>
int main(void)
{
    int digits=0,n;
    printf("Enter a positive integer:");
    scanf("%d",&n);
    do
    {
        n/=10;
        digits++;
    } while(n>0);
    printf("The number has %d digit(s).\n",digits);
    return 0;
}
```

程序的运行结果如下。

```
Enter a positive integer:42689
The number has 5 digit(s).
```

这个例子使用 do-while 语句很合适，因为每个正整数至少有一位数字。

🔍 **提示**：读者可以通过慕课视频 6.3 来巩固 6.3 节所学的内容。

6.4 for 语句

for 语句常用于实现计数循环。for 语句的一般语法格式如下。

```
for(表达式 1;表达式 2;表达式 3)语句
```

通常写成如下形式。

```
for(表达式 1;表达式 2;表达式 3)
    语句
```

for 后面括号中的 3 个表达式为循环控制条件，语句为循环体。此时，循环体没有使用花括号，因此，循环体有且仅有一条语句。

表达式 1 是在循环开始执行前只执行一次的初始化操作，常常为赋值表达式。表达式 2 用于控制循环的终止，只要表达式 2 的值非 0（成立/真），循环就继续执行。表达式 3 是在前一次循环体执行结束后，且在表达式 2 再次执行之前执行的一个操作，用于对循环控制变量进行更新，常采用自增/自减表达式。

循环体可以通过一对花括号包含若干条语句（只有一条语句也可以），构成复合语句。这时 for 语句的语法格式如下。

```
for(表达式1;表达式2;表达式3){
    语句1
    语句2
    ...
    语句n
}
```

for 循环可以替换为 while 语句，如下所示。

```
表达式1;
while(表达式2){
    语句1
    ...
    语句n
    表达式3;
}
```

程序 squarecubic.c 的 for 语句形式如程序 squarecubic1.c 所示。

```
/* squarecubic1.c */
#include<stdio.h>
int main(void)
{
    int i,n;
    printf("Enter number of entries in table:");
    scanf("%d",&n);
    for(i=1;i<=n;i++)
        printf("%10d%10d%10d\n",i,i*i,i*i*i);
    return 0;
}
```

程序的运行结果如下。

```
Enter number of entries in table:5
        1         1         1
        2         4         8
        3         9        27
        4        16        64
        5        25       125
```

程序 ferror1.c："惊人"的浮点数精度误差。

3.5.3 小节提供了一个示例，说明了计算机中的浮点数往往只是实际值的近似值。第 3 章还没有引入循环，所以将这个例子放在本章，读者在体会循环的同时，还可以更深刻地体会浮点数带来的精度误差。

```
/* ferror1.c */
#include<stdio.h>
int main()
{
    float f=0.1,sum=0;
    int i;
    for(i=0;i<4000000;i++)
    {
      sum+=f;
    }
    printf("sum=%f\n",sum);
    return 0;
}
```

程序的运行结果如下。

```
sum=384524.781250
```

这个例子中预期的 sum 是 400000，但是计算得到的结果是 384524.781250。另外，请读者思考：在上述例子中，如果将变量 sum 声明为 int 型变量而不是 float 型变量，累加求和之后 sum 的值是多少？

C 语言对控制循环行为的 3 个表达式没有限制。虽然这些表达式通常对同一个变量进行初始化、判定和更新，但这不是硬性要求。

6.4.1　for 语句惯用法

for 语句对于向上加或向下减共有 n 次的情况，经常会采用下列形式中的一种。

➢　从 0 向上加到 $n-1$。

```
for(i=0;i<n;i++)…
```

➢　从 1 向上加到 n。

```
for(i=1;i<=n;i++)…
```

➢　从 $n-1$ 向下减到 0。

```
for(i=n-1;i>=0;i--)…
```

➢　从 n 向下减到 1。

```
for(i=n;i>0;i--)…
```

上述 for 语句的循环次数都是 n 次。注意在控制表达式中用小于符号（<）和小于或等于符号（<=），会令控制变量 i 的值不一样。例如，用"i<n"，控制变量 i 需要从 0 开始；用"i<=n"，控制变量 i 就需要从 1 开始。for 语句的表达式 1 和表达式 2 的写法要特别注意，否则可能会产生循环次数多一次或少一次的错误。

6.4.2　for 语句中省略表达式的用法

如前所述，for 语句一般包含 3 个表达式，但是 C 语言允许省略这 3 个表达式中的任意一个或全部。

➢ 省略表达式 1。

省略表达式 1，那么在 for 语句中没有对循环控制变量的初始化操作，这时需要在 for 语句之前设置赋值语句，完成对循环控制变量的初始化。示例如下。

```
int i;
i=10;
for(;i>0;--i)
    printf("No.%d\n",i);
```

➢ 省略表达式 2。

省略表达式 2，那么表达式 2 的值默认为 1（成立），for 语句不会终止（除非用 break 语句等停止）。例如，有时用下面的 for 语句实现无限循环。

```
for(;;)…
```

因为是无限循环，表达式 1 和表达式 3 的存在也没有意义，所以通常在省略表达式 2 时，表达式 1 和表达式 3 也被省略。

➢ 省略表达式 3。

省略表达式 3，循环体的语句需确保表达式 2 的值最终能变为 0（不成立），否则循环不会终止。

```
for(i=10;i>0;)
    printf("No.%d\n",i--);
```

当表达式 1 和表达式 3 都被省略时，for 语句等价于 while 语句。

6.4.3 for 语句中逗号表达式的用法

for 语句可以在表达式 1、表达式 3 中使用逗号表达式。例如，计算 1 到 1000 所有整数的累加和，可以用以下代码实现。

```
int sum,i;
for(sum=0,i=1;i<=1000;i++)
    sum+=i;
```

逗号运算符可以让 for 语句初始化 2 个及以上的变量。

6.4.4 C99 中 for 语句的用法

C99 允许 for 语句的表达式 1 包含变量声明。示例如下。

```
for(int i=0;i<n;i++)
    …
```

这时，变量 i 无须在 for 语句前定义。注意：对于在 for 语句中定义的变量，其作用域为循环体内部，变量在循环外不可见。示例如下。

```
for(int i=0;i<n;i++){
    …
    printf("No.%d",i);   /* 正确使用 */
}
printf("No.%d",i);       /* 错误使用*/
```

for 语句定义自己的循环控制变量有利于程序编写，且易于理解。但是，如果程序在循环结束后仍然需要访问这样的变量，就需要采用 for 语句的一般格式，将变量的声明放在 for 语句之前完成。

采用逗号运算符，for 语句可以声明多个相同类型的变量，示例如下。

```
for(int i=0,j=0;i<n;i++)
```

🔍 提示：读者可以通过慕课视频 6.4 来巩固 6.4 节所学的内容。

6.5 循环嵌套

C 语言中循环可以嵌套使用，即在循环体里面又包含循环，例如针对二维数组的处理，或者针对类似矩阵中行、列的处理等。

程序 multitable.c 通过嵌套循环输出 9×9 的乘法表。

```c
/* multitable.c */
#include<stdio.h>
int main()
{
    int i,j;
    for(i=1;i<=9;i++)
    {
        for(j=1;j<=9;j++)
        {
            printf("%d*%d=%d\t",j,i,i*j);
        }
        printf("\n");
    }
    return 0;
}
```

程序的运行结果如下。

```
1*1=1    2*1=2    3*1=3    4*1=4    5*1=5    6*1=6    7*1=7    8*1=8    9*1=9
1*2=2    2*2=4    3*2=6    4*2=8    5*2=10   6*2=12   7*2=14   8*2=16   9*2=18
1*3=3    2*3=6    3*3=9    4*3=12   5*3=15   6*3=18   7*3=21   8*3=24   9*3=27
1*4=4    2*4=8    3*4=12   4*4=16   5*4=20   6*4=24   7*4=28   8*4=32   9*4=36
1*5=5    2*5=10   3*5=15   4*5=20   5*5=25   6*5=30   7*5=35   8*5=40   9*5=45
1*6=6    2*6=12   3*6=18   4*6=24   5*6=30   6*6=36   7*6=42   8*6=48   9*6=54
1*7=7    2*7=14   3*7=21   4*7=28   5*7=35   6*7=42   7*7=49   8*7=56   9*7=63
1*8=8    2*8=16   3*8=24   4*8=32   5*8=40   6*8=48   7*8=56   8*8=64   9*8=72
1*9=9    2*9=18   3*9=27   4*9=36   5*9=45   6*9=54   7*9=63   8*9=72   9*9=81
```

上述程序包含两个 for 语句。外层的 for 语句控制行的变化，内层的 for 语句控制列的变化。

6.6 改变循环执行状态

对于 while 语句和 for 语句，循环的退出点通常在循环体之前；对于 do-while 语句，循环的退出点通常在循环体之后。它们都在循环语句中的控制表达式的值变为 0（不成立/假）

时，退出循环，不再继续执行循环体。C 语言提供几种特殊语句用于改变循环执行状态。

6.6.1　break 语句

break 语句除了能够把程序控制从 switch 语句中转移出来，还可以将循环的退出点安排在循环体内部，实现跳出 while、do-while、for 语句。

程序 prime.c 采用埃拉托斯特尼（Eratosthenes）筛法对一个大于 2 的整数进行素性检测。该方法简单而言就是指在被检测数的范围内，用一个个整数除以该被检测数。如果有整除发生，则说明找到了被检测数的一个因子，该被检测数不是素数，可以终止循环。

```c
/* prime.c */
#include<stdio.h>
int main(void)
{
  int n,i;

  printf("Enter a number:");
  scanf("%d",&n);
  for(i=2;i<n;i++)
    if(n%i==0)
      break;        /* 只要发现一个约数就用break语句终止循环 */

  if(i<n)
    printf("%d is divisible by %d\n",n,i);
  else
    printf("%d is prime\n",n);
  return 0;
}
```

程序的运行结果如下。

```
Enter a number:13
13 is prime
```

在循环终止后，用 if 语句来确定循环是提前终止（n 不是素数）还是正常终止（n 是素数）。

程序 square.c 让用户按提示输入数字，并根据输入的数字计算对应的平方值，直到得到 0 时终止。

```c
/* square.c */
#include<stdio.h>
int main(void)
{
  int n;
  for(;;){
    printf("Enter a number(enter 0 to stop):");
    scanf("%d",&n);
    if(n==0)
      break;
    printf("The square of %d is %d\n",n,n*n);
  }
  return 0;
}
```

程序的运行结果如下。

```
Enter a number(enter 0 to stop):3
The square of 3 is 9
Enter a number(enter 0 to stop):6
The square of 6 is 36
Enter a number(enter 0 to stop):9
The square of 9 is 81
Enter a number(enter 0 to stop):0
```

值得注意的是：一条 break 语句只能把程序控制从最内层封闭的 while、do-while、for、switch 语句中转移出来。而当这些语句出现嵌套时，break 语句只能跳出一层嵌套。示例如下。

```
while(…)
{
   switch(…){
      …
      break;
      …
   }
}
```

在这个例子中，break 语句只表示从 switch 语句中跳出，但没有从 while 语句中转移出来，即程序仍然处于循环控制中。

许多简单的交互式程序都是基于菜单的，它们向用户显示可供选择的命令列表。一旦用户选择了某条命令，程序就执行相应的操作，然后提示用户输入下一条命令。这个过程一直持续到用户选择"退出"或"停止"命令。

这类程序的主体结构是循环，示例如下。

```
for(;;)
{
   提示用户输入命令;
   读入命令;
   执行命令;
}
```

具体执行哪个命令可以用 switch 语句（或级联式 if 语句）实现，如下所示。

```
for(;;)
{
   提示用户输入命令;
   读入命令;
   switch(command){
      case 命令 1:执行操作 1;
            break;
      case 命令 2:执行操作 2;
            break;
      …
      case 命令 n:执行操作 n;
            break;
      default:提示错误信息;
            break;
   }
}
```

程序 checking.c 用于进行账户的管理，假设账户初始金额为 2000 元。输入的命令可以是 0（清空账户金额）、1（存钱）、2（取钱）、3（查询余额）、4（退出）。

```c
/* checking.c */
#include<stdio.h>
int main(void)
{
  int cmd;
  int balance=2000,credit,debit;
  printf("cmd:0=clear,1=credit,2=debit,3=balance,4=exit\n");
  for(;;)
  {
   printf("Enter command:");
   scanf("%d",&cmd);
    switch(cmd){
      case 0:balance=0;
            break;
      case 1:printf("Enter amount of credit:");
            scanf("%d",&credit);
            balance+=credit;
            break;
      case 2:printf("Enter amount of debit:");
            scanf("%d",&debit);
            balance-=debit;
            break;
      case 3:printf("Current balance:%d\n",balance);
            break;
      case 4:return 0;
      default:printf("cmd:0=clear,1=credit,2=debit,3=balance,4=exit\n");
            break;
    }
  }
}
```

程序的运行结果如下。

```
cmd:0=clear,1=credit,2=debit,3=balance,4=exit
Enter command:3
Current balance:2000
Enter command:1
Enter amount of credit:300
Enter command:3
Current balance:2300
Enter command:2
Enter amount of debit:500
Enter command:3
Current balance:1800
```

6.6.2   continue 语句

与 break 语句不同，continue 语句只能用于循环，break 语句可用于跳出循环体，而 continue 语句表示仍然留在循环体中，只终止当前这一轮循环，即跳过循环体中 continue 语句之后的其他语句，开始下一次循环（仍然在循环体内）。

例 6-7：计算用键盘输入的 15 个非 0 整数的累加和。

```
int i,n,sum;
n=0;
sum=0;
while(n<15){
  scanf("%d",&i);
  if(i==0)
      continue;
  sum+=i;
  n++;
  /* 执行 continue 语句跳转到这里 */
}
```

在上述程序中，如果从键盘输入的整数是 0，将执行 continue 语句，然后程序控制将跳过循环体的剩余部分，即跳过语句"sum+= i;n++;"。此时，n 不累加，相当于读入 0 不计入读入的 15 次之内。由于仍然在循环体内，所以再次执行 while 语句，继续读入整数。

请读者思考：如果不用 continue 语句，上述程序可以如何修改？下面是本小节例 6-7 的修改版本。

```
int i,n,sum;
n=0;
sum=0;
while(n<15){
  scanf("%d",&i);
  if(i!=0){
      sum+=i;
      n++;
  }
}
```

6.6.3　goto 语句与标号

在早期的编程中较常使用 goto 语句，但是现在已经很少使用，因为过多使用 goto 语句进行跳转会导致程序非常难于理解和修改，而且通常有更好的替代方法，例如采用 break、continue、return 语句和 exit 函数基本可以满足常见需求。

goto 语句能跳转到函数中任何有标号的语句处。标号是放置在语句开始处的标识符，一般语法格式如下。

```
标识符:语句
```

goto 语句的一般语法格式如下。

```
goto 标识符;
```

执行 goto 语句之后，程序控制会转移到标识符之后的语句上。注意：标识符及其之后的语句必须与 goto 语句在同一个函数中。

例 6-8：采用埃拉托斯特尼筛法对一个大于 2 的整数进行素性检测。

6.6.1 小节采用 break 语句实现了筛法，这里采用 goto 语句实现。

```
int i,n;
do
```

```
{
    scanf("%d",&n);
}while(n<3)
for(i=2;i<n;i++)
    if(n%i==0)
        goto L1;      /* 只要发现一个约数就用goto语句终止循环 */
L1:
if(i<n)
    printf("%d is divisible by %d\n",n,i);
else
    printf("%d is prime\n",n);
```

当需要从嵌套的多层循环中转出时 goto 语句很有用。如 6.6.1 小节所述，在嵌套循环、选择等情况下，break 语句只能跳出一层嵌套。此时使用 goto 语句可以解决这个问题，示例如下。

```
while(…)
{
    switch(…){
        …
        goto loop_label;
        …
    }
}
loop_label:…
```

🔍 提示：读者可以通过慕课视频 6.5 来巩固 6.6 节所学的内容。

6.7 循环中的空语句

在 6.2.1 小节中提到过空语句。空语句是除了末尾的分号外什么内容都没有的语句。

例 6-9：下面的 3 条语句，其中第 2 条语句就是空语句。

```
i=0;;j=5;
```

例 6-10：采用空语句，实现 for 语句的无限循环。

```
for(;;)
{
    …
}
```

C 语言允许空语句的存在，但是这增加了一些出错的可能性。如果不慎在 if、while、for 语句后面放置了分号，形成空语句，会导致这些语句提前结束。

例 6-11：if 语句提前结束。

```
int i;
…           /* 对 i 的一些操作*/
if(i==0);  /*误将分号放置在 if 表达式之后，形成空语句*/
    printf("Error:Division by zero\n");
```

上述语句"if(i==0);"可以改写为如下语句。

```
if(i==0)
    ;
```

改写以后更容易看出 if 表达式之后是一条空语句。因此，尽管从格式缩进上看，printf 函数好像受 if 语句控制，但是它其实是一条独立语句。此时，无论 i 的值是否等于 0 都会执行 printf 函数。

例 6-12：while 语句提前结束。

```
int i=10;
while(i>0);                    /* 误将分号放置在 while 控制表达式之后，形成空语句 */
{
    printf("No. %d\n",i--);
}
```

上述语句"while(i>0);"可以改写为如下语句。

```
while(i>0)
    ;
```

类似地，改写以后更容易看出 while 控制表达式之后是一条空语句。这导致 printf 函数独立地成为一条语句，而不是 while 语句的一部分。此时，i 的值不被改变，因而造成无限循环。需要注意的是，do-while 语句中 while 控制表达式后面的分号是必需的，表示该语句的结束，而不是空语句。

例 6-13：for 语句提前结束。

```
for(i=0;i<100;i++);        /*误将分号放置在 for 控制表达式之后，形成空语句*/
    printf("No. %d\n",i);
```

上述语句"for(i=0;i<100;i++);"可以改写为如下语句。

```
for(i=0;i<100;i++)
    ;
```

类似地，改写以后更容易看出 for 控制表达式之后是一条空语句。这导致 printf 函数独立地成为一条语句，而不是 for 语句的一部分。此时，printf 函数只执行一次。

习题 6

1. 写出下面程序片段的运行结果，并将 while 语句改写为 for 语句。

```
int i=1;
while(i<=64)
{
    printf("%d ",i);      /* 注意：d 后面有一个空格符 */
    i*=2;
}
```

2. 写出下面程序片段的运行结果，并将 do-while 语句改写为 for 语句。

```
int i=9876;
do{
    printf("%d ",i);       /* 注意：d 后面有一个空格符 */
```

```
    i /=10;
} while (i>0);
```

3. 写出下面程序片段的运行结果，并将 for 语句改写为 while 语句。

```
int i;
for(i=10;i>=1;i /=2)
    pintf("%d ",i++);  /* 注意: d后面有一个空格符 */
```

4. 写出下面程序片段的运行结果。

```
for(i=7,j=i-1;i>0,j>0;--i,j=i-1)
    printf("%d",i);
```

5. 写出下面程序片段的运行结果。

```
int i;
for(i=0;++i;i<5)
{
    if(i==3)
    {
        printf("%d\n",++i);
        break;
    }
    printf("%d",++i);
}
```

6. 假设循环体是一样的，下面（   ）和其他两条语句不等价。
    A. for(i=0;i<30;i++)…
    B. for(i=0;i<30;++ i)…
    C. for(i=0;i++<30;)…

7. 假设循环体是一样的，下面（   ）和其他两条语句不等价。
    A. while(i<30){…}
    B. for(;i<30;){…}
    C. do{…}while(i<30);

8. 写出下面程序片段的运行结果。

```
int sum=0;
for(i=0;i<10;i++)
{
    if(i%2)
        continue;
    sum+=i;
}
printf("%d\n",sum);
```

9. 重写下面的循环，使其循环体为空。

```
int i,j;
for(i=0;j>0;i++)
    j/=4;
```

10. 找出下面程序片段的错误并纠正。

```
if(n%2==0);
    printf("n is even\n");
```

11. 编写程序，将输入的英文名字和姓按以下格式要求输出：姓后面跟一个逗号，接着显示名字的首字母（大写）和一个点。程序的运行结果示例如下。

```
Enter a first and last name:Michael Jordan
Jordan,M.
```

💡 **注意**：在输入时可能包含空格符（姓、名字的前后）。

12. 编写程序，计算句子的平均词长（显示一位小数）。程序的运行结果示例如下。

```
Enter a sentence:There is no royal road to learning.
Average length of words:4.1
```

🔍 **提示**：为简化处理，约定句子中出现的标点符号不计入词长。

13. 编写程序，计算输入的两个整数的最大公约数（greatest common divisor，GCD）。程序的运行结果示例如下。

```
Enter two integers:30 58
GCD:2
```

🔍 **提示**：可用欧几里得（Euclid）算法求 m 和 n 的最大公约数，即先判断 n 是否为 0，如果为 0，则 m 就是 GCD；否则计算 m 除以 n 的余数，把 n 保存到 m 中，并把余数保存到 n 中。重复上述过程，每次都判断 n 是否为 0。

14. 编写程序，输入某月的天数和该月 1 日是星期几，输出该月的日历。程序的运行结果示例如下。

```
Enter No. of days:31
Enter the first day of the week(1=Sun,7=Sat):2
      1    2    3    4    5    6
7    8    9    10   11   12   13
14   15   16   17   18   19   20
21   22   23   24   25   26   27
28   29   30   31
```

15. 编写程序，输入一个整数 n，改进 6.6.1 小节中的方法，判断该整数是不是素数。程序的运行结果示例如下。

```
Enter an integer:69
Prime(Y/N):N
```

🔍 **提示**：素性检测有更高效的方法，比如只需要检测到不大于 n 的平方根的除数就可以。求解平方根可以调用 math.h 中的 sqrt 函数实现，也可以用 "i*i" 和 n 比较，这样可以避免直接计算 n 的平方根。

16. 编写程序，输出斐波那契（Fibonacci）数列中的前 n 项，以每行 5 个数据的格式显示。程序的运行结果示例如下。

```
Enter an integer:20
Sequence:
1        1        2        3        5
```

8	13	21	34	55
89	144	233	377	610
987	1597	2584	4181	6765

> 🔍 **提示**：斐波那契数列是指数列的前两项分别为 1、1，以后每一项都为前两项之和。

17. 编写程序，计算 0 到输入的整数 n 范围内的勾股数。假设 3 个正整数 x、y 和 z 是勾股数，它们必须满足：$x \times x + y \times y = z \times z$，且 $x < y < z$。程序的运行结果示例如下。

```
Enter an integer:20
Pythagorean triple:
3,4,5
5,12,13
6,8,10
8,15,17
9,12,15
12,16,20
```

18. 编写程序，实现简单的加密处理。假设消息中的字母都先转换为大写字母，然后字母与数字的对应关系为：2=ABC、3=DEF、4=GHI、5=JKL、6=MNO、7=PRS、8=TUV、9=WXY。程序的运行结果如下。

```
Enter a Message:Hello,World
43556,96753
```

> 🔍 **提示**：使用 toupper 库函数。

19. 编写程序，实现一个简单的猜数游戏。这个程序首先在 1～100 的范围内选择一个随机数作为秘密数，然后与用户交互（提示用户 too low 或者 too high），直到用户猜出这个秘密数，然后输出用户猜测的次数。根据用户选择是否（Y/N）继续游戏，决定是继续猜数游戏还是退出猜数游戏。如果继续该游戏，则产生下一个秘密数。程序的运行结果示例如下。

```
A new number has been chosen.
Enter your guess:10
too high
Enter your guess:5
too low
Enter your guess:9
You got it in 3 guesses.
Play one more time?(Y/N)N
```

> 🔍 **提示**：C 语言提供了 rand 函数用于产生随机数。在调用 rand 函数之前可以调用 srand 函数初始化随机数种子，这样可以产生不同的随机数序列。有关随机数方面的内容，读者可以在网络上查找资料进行学习。调用 rand 函数和 srand 函数之前需要引用头文件 stdlib.h。

第 7 章

数组

到本章为止我们所见到的变量几乎都是标量，标量具有保存单一数据项的能力。但在实际工作中，经常需要编写程序处理大量相同类型的数据，例如，考试结束后需要保存班级学生的成绩，学生的成绩就是类型相同的数据，数组可以有效地存储此类数据。

数组（array）是相同类型数据的集合，这些数据被称为元素（element），可以根据元素所处的位置对其进行单独访问。在 C 语言中，每个数组都有两个基本属性。

> ➤ 元素类型：数组中存储的元素的类型。
> ➤ 数组长度：数组中存储的元素的个数。

7.1 一维数组

7.1.1 数组的声明

最简单的数组就是一维数组，和变量一样在使用之前必须进行声明。

```
类型定义符 数组名[常量表达式];
```

数组的元素可以是任何类型的，数组名使用标识符表示，用方括号将常量表达式括起来，常量表达式定义了数组元素的个数。示例如下。

```
int score[10];
```

上面的语句声明了一个存储学生成绩的数组 score，数组 score 包含 10 个数据成员，数据成员的类型为整型。

较好的方法是用宏来定义数组的长度，如下所示。

```
#define N 10
...
int score[N];
```

数组 score 的逻辑结构如图 7-1 所示，每个数组元素放在一个"盒子"里面。C 语言中数组元素的位置是由数组下标的下标值进行标注的，第一个元素的下标值是 0，score[0]表示数组中的第一个元素。

score[0]	score[1]	score[2]	score[3]	score[4]	score[5]	score[6]	score[7]	score[8]	score[9]

图 7-1　数组 score 的逻辑结构

数组 score 的物理结构如图 7-2 所示，图中 add 代表数组第一个元素在内存中的位置，由于当前数组元素均是 int 型的（占用 4 字节），数组 score 共占用 40 字节的内存空间。

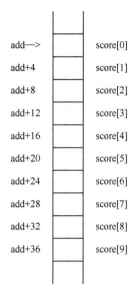

图 7-2　数组 score 的物理结构

score[i]是左值，所以数组元素可以和普通变量一样使用，如下所示。

```
score[0]=86;
printf("%d\n",score[0]);
```

如果一个数组所包含元素的类型为 T，则数组的每个元素都可以被当作一个类型为 T 的变量来对待。

通常采用 for 语句对数组中的每个元素执行操作，下面是关于长度为 N 的数组的一些典型操作示例。

```
#define N 10
int a[N];
...
for(i=0;i<N;i++)
    a[i]=0;              /* 初始化数组 a，给它的每个元素赋值 0 */
for(i=0;i<N;i++)
    scanf("%d",&a[i]);  /* 把数据读入数组 a 中 */
for(i=0;i<N;i++)
    sum+=a[i];           /* 求数组 a 中所有元素的和 */
```

C 语言不要求编译器检查数组下标是否超出范围，当下标超出范围时，程序可能执行不可预知的操作。忘记 n 个元素数组的下标是从 0 到 n-1，而使用从 1 到 n，这是典型错误。示例如下。

```
int a[10],i;
for(i=1;i<=10;i++)
    a[i]=0;
```

这个 for 语句表面上看似正确，对于一些编译器却可能产生一个无限循环，对于另一些编译器却可能导致程序崩溃，因为数组 a 的最后一个元素是 a[9]，但 for 语句越界访问了

a[10]这个不存在的元素。

7.1.2 数组的初始化

通过在初始值表中给出初始值可以对数组元素进行初始化。初始值用一对花括号界定，初始值之间用逗号进行分隔。

```
int y[5]={1,2,3,4,5};
```

"1,2,3,4,5"为初始值表，该语句把 y[0]、y[1]、y[2]、y[3]、y[4]分别初始化为 1、2、3、4、5。

如果初始化式比数组长度短，那么数组中剩余的元素被赋值为 0，示例如下。

```
int a[10]={1,2,3,4,5,6};/* 数组 a 的初始值为 {1,2,3,4,5,6,0,0,0,0}*/
```

利用这一特性，可以很容易地将全部数组元素初始化为 0，示例如下。

```
int a[10]={0}; /* 数组 a 的初始值为{0,0,0,0,0,0,0,0,0,0} */
```

不少编译器认为"初始化式完全为空"是非法的，因此最好在花括号内放上一个单独的 0。初始值表中的值的个数超过要初始化的数组长度也是非法的。

可以通过初始值表中初始值的个数来决定数组的长度，示例如下。

```
double d[]={1.5,2.3,5.6};
```

该声明语句省略了描述数组长度的常量表达式，数组的长度由初始值表中初始值的个数决定。它定义了有 3 个元素的双精度浮点型数组 d，并且 d[0]=1.5、d[1]=2.3、d[2]=5.6。

C99 中的指定初始化（designated initializers）可以用于解决数组中只有相对较少的元素需要进行显式的初始化，而其他元素默认被赋值为 0 的问题。示例如下。

```
int a[16]={0,0,23,0,0,0,0,0,0,6,0,0,0,0,8,0};
```

对于大数组，如果使用这种方式赋值，语句冗长而且容易出错，这时就可以采用指定初始化的方式，如下所示。

```
int a[16]={[2]=23,[9]=6,[14]=8};
```

方括号中的数字称为指示符（designator）。指示符必须是整型常量表达式，如果待初始化的数组长度为 n，则每个指示符的值都必须在 0 和 $n-1$ 之间。

如果数组的长度是省略的，指示符可以是任意非负整数，编译器将根据最大的指示符推断出数组的长度，示例如下。

```
int b[]={[3]=9,[25]=16,[11]=326,[18]=129};
```

上面这个数组将包含 26 个元素，因为指示符的最大值为 25。

下面的程序要求用户随机输入一个整数，repeat.c 程序检查该整数中每个数字出现的次数，并输出一个列表。

```
/* repeat.c */
#include<stdio.h>
int main(void)
{
    int digit_count[10]={0};
    int digit;
```

```
    long n;

    printf("Enter a number: ");
    scanf("%ld",&n);
    while(n>0) {
       digit=n % 10;
       digit_count[digit]++;
       n/=10;
    }

    printf("Digit:        ");
    for(digit=0;digit<=9;digit++)
       printf("%3d",digit);

    printf("\nOccurrences: ");
    for(digit=0;digit<=9;digit++)
       printf("%3d",digit_count[digit]);
    printf("\n");

    return 0;
}
```

程序的运行结果如下。

```
Enter a number: 1452698522
Digit:        0  1  2  3  4  5  6  7  8  9
Occurrences:  0  1  3  0  1  2  1  0  1  1
```

程序用 digit_count 数组来跟踪数字出现的次数，digit_count 数组元素下标为从 0 到 9，对应 10 个可能的数字，初始化 digit_count 数组，把每个元素的初始值置 0。

当得到输入数字 n 后，while 语句通过取余运算，逐个检查 n 的每个数字，出现一次对应的数字，digit_count[digit]就加 1。

后面的两组 for 语句，输出每个数字出现的次数。

7.1.3　对数组使用 sizeof 运算符

sizeof 运算符可以确定数组的长度（字节数）。若数组 a 包含 10 个整数，假设每个整数用 4 字节存储，则 sizeof(a)的结果等于 40。

还可以用 sizeof 运算符来计算数组元素的长度，sizeof(a[0])的结果等于 4，和 sizeof(int)的结果一样。

用数组的长度除以数组元素的长度可以得到数组元素的个数，如下所示。

```
sizeof(a)/sizeof(a[0]);
```

使用这种方法，即使数组长度在日后需要改变，也不需要修改循环变量。

例如，对数组 a 执行清零操作可以写成：

```
for(i=0;i<sizeof(a)/sizeof(a[0]);i++)
   a[i]=0;
```

然而有些编译器会对上述表达式给出一条警告信息。原因：sizeof 返回值的类型是 size_t（无符号整型），将有符号整数和无符号整数进行比较是很危险的，尽管在本例中这样做没问题。

size_t类型定义在stddef.h头文件中，为了避免出现这一警告信息，可以把sizeof(a)/sizeof(a[0])的结果强制转换为有符号整数，如下所示。

```
for(i=0;i<(int)(sizeof(a)/sizeof(a[0]);i++)
    a[i]=0;
```

表达式(int)(sizeof(a)/sizeof(a[0])) 写起来不太方便，可定义一个宏来表示它，如下所示。

```
#define SIZE((int)(sizeof(a)/sizeof(a[0])))
for(i=0;i<SIZE;i++)
    a[i]=0;
```

7.1.4 冒泡排序

我们经常需要把数组里面的数据排序，冒泡排序的思路非常简单，比较相邻的两个元素，若逆序就交换相邻的元素，若顺序正确就不动，交换发生在相邻的两个元素之间。

下面的 bubble.c 程序把数组 arr 的元素按从小到大的顺序排序，然后输出。

```
/* bubble.c */
#include<stdio.h>
#define N 10
int main(void)
{
    int arr[N]={3,5,9,-7,6,19,-6,8,10,2};
    int temp,i,j;

    for(i=0;i<N-1;i++)          /* 外循环设置排序趟数，N 个数进行 N-1 趟排序 */
        for(j=0;j<N-1-i;j++)    /* 内循环设置每趟比较的次数，第 i 趟比较 N-1-i 次 */
        {
            if(arr[j]>arr[j+1])  /* 相邻元素比较，若逆序则交换 */
            {
                temp=arr[j];
                arr[j]=arr[j+1];
                arr[j+1]=temp;
            }
        }
    /* 数组 arr 的元素按从小到大的顺序排序 */
    for(i=0;i<N;i++)
        printf("%d  ",arr[i]);
    printf("\n");
}
```

程序的运行结果如下。

```
-7  -6  2  3  5  6  8  9  10  19
```

我们可以设置断点来查看每次外循环结束后数组的变化情况：

i=0 这轮循环结束后，数组元素变为{3,5,-7,6,9,-6,8,10,2,**19**}，19 沉底了；

i=1 这轮循环结束后，数组元素变为{3,-7,5,6,-6,8,9,2,**10,19**}，10 沉底了；

i=2 这轮循环结束后，数组元素变为{-7,3,5,-6,6,8,2,**9,10,19**}，9 沉底了；

i=3 这轮循环结束后，数组元素变为{-7,3,-6,5,6,2,**8,9,10,19**}，8 沉底了；

i=4 这轮循环结束后，数组元素变为{-7,-6,3,5,2,**6,8,9,10,19**}，6 沉底了；

i=5 这轮循环结束后，数组元素变为{-7,-6,3,2,**5,6,8,9,10,19**}，5 沉底了；

i=6 这轮循环结束后，数组元素变为{-7,-6,2,**3,5,6,8,9,10,19**}，3 沉底了；

i=7 这轮循环结束后，数组元素变为{-7,-6,**2,3,5,6,8,9,10,19**}，2 沉底了；

i=8 这轮循环结束后，数组元素变为{-7,**-6,2,3,5,6,8,9,10,19**}，-6 沉底了，排序结束。

下面的 bubble1.c 程序把数组 arr 的元素按从大到小的顺序排序，然后输出。

```c
/* bubble1.c */
#include<stdio.h>
#define N 10
int main(void)
{
    int arr[N]={3,5,9,-7,6,19,-6,8,10,2};
    int temp,i,j;

    for(i=0;i<N-1;i++)              /* 外循环设置排序趟数，N 个数进行 N-1 趟排序 */
        for(j=0;j<N-1-i;j++)        /* 内循环设置每趟比较的次数，第 i 趟比较 N-1-i 次 */
        {
            if(arr[j]<arr[j+1])     /* 相邻元素比较，若逆序则交换 */
            {
                temp=arr[j];
                arr[j]=arr[j+1];
                arr[j+1]=temp;
            }
        }
    /* 数组 arr 的元素按从大到小的顺序排序 */
    for(i=0;i<N;i++)
        printf("%d ",arr[i]);
    printf("\n");
}
```

程序的运行结果如下。

```
19 10 9 8 6 5 3 2 -6 -7
```

其原理和 bubble.c 程序的一样，只是把 bubble.c 的 if(arr[j]>arr[j+1])顺序规则（要求从小到大），变为 bubble1.c 的 if(arr[j] < arr[j+1])逆序规则（要求从大到小）。

观察一下 bubble.c 程序的运行，会发现在 i=6 这轮循环结束，就已经排序好了，i=7 这轮循环没有发生元素互换，i=8 这轮循环完全没必要执行。如果增加一个标志位，那么当某轮循环不发生元素互换时即表明数据已经排序完成，排序工作就可以结束了，如下面的程序 bubble2.c 所示。

```c
/* bubble2.c */
#include<stdio.h>
#define N 10
int main(void)
{
    int arr[N]={-7,-6,3,5,6,9,19,8,22,12};
    int temp,i,j,flag=1;

    for(i=0;i<N-1&&flag==1;i++)   /* i<N-1 和 flag 为 1 两个条件同时满足才继续循环 */
    {
        flag=0;                    /* flag 为 0 表明暂时元素没有互换*/
```

```
        for(j=0;j<N-1-i;j++)
        {
            if(arr[j]>arr[j+1])   /* 相邻元素比较，若逆序则交换 */
            {
                temp=arr[j];
                arr[j]=arr[j+1];
                arr[j+1]=temp;
                flag=1;               /* 元素互换了，flag 置为 1 */
            }
        }
    }
    /* 数组 arr 的元素按从小到大的顺序排序 */

    for(i=0;i<N;i++)
        printf("%d  ",arr[i]);
    printf("\n");
}
```

程序的运行结果如下。

```
-7  -6  3  5  6  8  9  12  19  22
```

我们设置断点来查看每次外循环结束后数组的变化情况：

i=0 这轮循环结束后，数组元素变为{−7, −6,3,5,6,9,8,19,12,**22**}，22 沉底了，flag=1；

i=1 这轮循环结束后，数组元素变为{−7, −6,3,5,6,8,9,12,**19,22**}，19 沉底了，flag=1；

i=2 这轮循环结束后，数组元素没变{−7, −6,3,5,6,8,9,12,**19,22**}，无元素交换，flag=0；

外循环条件不满足，跳出循环，排序工作提前结束。

> 🔍 提示：读者可以通过慕课视频 8.1 和视频 8.2 来巩固 7.1 节所学的内容。

7.2 多维数组

程序设计语言中引入数组的根本目的是希望通过使用下标来访问数组中指定的元素。同时，由于数组元素的下标可以由 C 语言整型表达式的正整数值来表示，因此可以通过设计合适的循环程序来控制下标变量的取值，实现对数组元素的自动访问并最终实现对批量数据的自动处理。

在一维数组中仅仅使用一个下标就可以实现对数组元素的访问。但是，在实际应用中有时需要用多个下标来实现对数组元素的访问。例如，张三同学，学号为 01，语文和数学成绩分别为 85 和 91。李四同学，学号为 02，语文和数学成绩分别为 82 和 95。

在 C 语言中用二维数组可以描述一个班级学生每门课程的成绩表。类似地，用二维数组可以描述数学中的矩阵或行列式，用三维数组可以描述空间中的点集，用 n 维数组来描述 n 维线性空间中的 n 维向量。

7.2.1 多维数组的声明与使用

二维数组需要两个下标，n 维数组有 n 个下标。C 语言规定用下面的语法格式来声明一个 n 维数组。

类型定义符 数组名[常量表达式 1] [常量表达式 2]…[常量表达式 n]={初始值表};

多维数组的每一维都需要分别定义其长度。第 i 维的长度由常量表达式 i 的值决定。由于 i 不可能是负数，因此各常量表达式必须是正整数。由于正整数是最简单的常量表达式，因此可以直接给出一个正整数来定义某一维的长度。每一维的下标都从 0 开始，若某一维长度为 m，则其下标的取值范围为从 0 至 $m-1$。常量表达式 1 所在的维称为第一维，常量表达式 2 所在的维称为第二维，……，常量表达式 n 所在的维称为第 n 维。

我们重点说明二维数组的用法。下面的语句声明了一个二维数组（若按数学概念则称为矩阵，即 matrix）。

```
int matrix[5][9];
```

如图 7-3 所示，数组 matrix 有 5 行 9 列。为了访问 i 行 j 列的元素，需要写成 x[i][j] 的形式。表达式 x[i] 指明了数组的第 i 行，而 x[i][j] 指明了此行中的第 j 个元素。

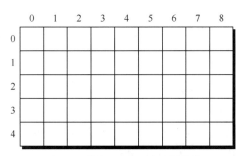

图 7-3　数组 matrix 的逻辑结构

虽然我们以表格形式显示二维数组，但是实际上它们在计算机内存中是按照行主序顺序存储的，也就是从第 0 行开始，接着第 1 行，以此类推。数组 matrix 的物理结构如图 7-4 所示。

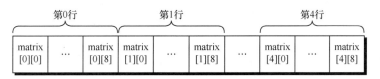

图 7-4　数组 matrix 的物理结构

就像 for 语句和一维数组紧密结合一样，嵌套的 for 语句是处理多维数组的理想选择。例如，下面的代码可用于初始化单位矩阵（在数学中，单位矩阵的主对角线上的值为 1，而其他元素的值为 0）。

```
#define N 10
double ident[N][N];
int row,col;
for(row=0;row<N;row++)
    for(col=0;col<N;col++)
        if(row==col)
            ident[row][col]=1.0;
        else
            ident[row][col]=0.0;
```

7.2.2　多维数组的初始化

多维数组的初始化有两种方式：一种是按照数组元素的物理结构的顺序安排初始值；

另一种是在初始化式里面体现数组元素的逻辑结构。

1．按照数组元素的物理结构的顺序安排初始值

按照数组元素的物理结构的顺序安排初始值时，初始值表中初始值的顺序与数组元素的物理存储的顺序一致，各初始值之间用逗号分隔。示例如下。

```
int a[2][2]={85,91,82,95};
/* 表示a[0][0]=85、a[0][1]=91、a[1][0]=82、a[1][1]=95 */
```

2．在初始化式里面体现数组元素的逻辑结构

在初始化式里面体现数组元素的逻辑结构，能提高程序的可读性，不易出错。示例如下。

```
int m[5][9]={{1,2,1,5,1,0,1,0,0},
             {0,1,9,1,7,1,0,0,0},
             {0,2,0,1,6,0,0,0,0},
             {4,3,0,4,0,0,0,0,0},
             {1,2,3,4,5,6,7,8,9}};
```

如果去掉内层的花括号，就是按照数组元素的物理结构的顺序安排初始值，会大大降低程序的可读性。

C 语言为多维数组提供了多种方法来缩写初始化式，如果初始化式不够大到足以填满整个多维数组，那么把数组中剩余的元素赋值为 0。

下面的初始化式只填满了数组 m 的前 3 行，后边的 2 行将赋值为 0。

```
int m[5][9]={{1,2,1,5,1,0,1,0,0},
             {0,1,9,1,7,1,0,0,0},
             {0,2,0,1,6,0,0,0,0}};
```

如果内层的列表不够大到足以填满数组的一行，那么把此行剩余的元素初始化为 0，如下所示。

```
int m[5][9]={{1,2,1,5,1,0,1},
             {0,1,9,1,7,1},
             {0,2,0,1,6},
             {4,3,0,4},
             {1,2,3,4,5,6,7,8,9}};
```

C99 的指定初始化式对多维数组也有效。例如，可以采用如下语句创建 3×3 的单位矩阵。

```
double ident[3][3]={[0][0]=1.0,[1][1]=1.0,[2][2]=1.0};
```

数组 ident 中没有指定值的元素都默认为 0。

对于三维数组，花括号的层数有 3 层。示例如下。

```
int d[2][2][3]={{{0,1,2},{10,11,12}},{{100,101,102},{110,111,112}}};
/* 表示d[0][0][0]=0    d[0][0][1]=1   d[0][0][2]=2
    d[0][1][0]=10   d[0][1][1]=11   d[0][1][2]=12
    d[1][0][0]=100  d[1][0][1]=101  d[1][0][2]=102
    d[1][1][0]=110  d[1][1][1]=111  d[1][1][2]=112 */
```

对于三维以上的数组，其初始值表的形式可以类推。对于 n 维数组，初始值表中花括号的层数有 n 层，并且最内层花括号里面元素的个数是第 n 维的长度。

C 语言规定，当数组的初始值全部给出时，第一维长度的说明可以省略，如下所示；否则，不能省略第一维长度的说明。

```
int x[][SIZE+1]={{85,91,0},{82,95,0}};
Int d[][2][2]={{{1,2},{3,4}},{{5,6},{7,8}}};
```

程序 scoreSheet.c 用二维数组存储 5 个学生 5 门课程的考试成绩，然后计算每个学生的总分和平均分，以及每门课程的平均分、最高分和最低分。

```
/* scoreSheet.c */
#include<stdio.h>
#define NUM_QUIZZES 5
#define NUM_STUDENTS 5
int main(void)
{
  int grades[NUM_STUDENTS][NUM_QUIZZES];
  int high,low,quiz,student,total;
  /* 把 5 个学生 5 门课程的考试成绩读入二维数组 grades */
  for(student=0;student<NUM_STUDENTS;student++){
    printf("Enter grades for student %d: ",student+1);
    for(quiz=0;quiz<NUM_QUIZZES;quiz++)
      scanf("%d",&grades[student][quiz]);
  }
  /* 计算每个学生的总分和平均分，处理 grades 的行元素 */
  printf("\nStudent  Total  Average\n");
  for(student=0;student<NUM_STUDENTS;student++){
    printf("%4d     ",student+1);
    total=0;
    for(quiz=0;quiz<NUM_QUIZZES;quiz++)
      total+=grades[student][quiz];
    printf("%3d    %3d\n",total,total/NUM_QUIZZES);
  }
  /* 计算每门课程的平均分、最高分和最低分，处理 grades 的列元素 */
  printf("\nQuiz  Average  High  Low\n");
  for(quiz=0;quiz<NUM_QUIZZES;quiz++){
    printf("%3d     ",quiz+1);
    total=0;
    high=0;
    low=100;
    for(student=0;student<NUM_STUDENTS;student++){
      total+=grades[student][quiz];
      if(grades[student][quiz]>high)
        high=grades[student][quiz];
      if(grades[student][quiz]<low)
        low=grades[student][quiz];
    }
    printf("%3d    %3d   %3d\n",total/NUM_STUDENTS,high,low);
  }
  return 0;
}
```

程序的运行结果如下。

```
Enter grades for student 1: 82 81 79 98 88
```

```
Enter grades for student 2: 78 69 90 86 82
Enter grades for student 3: 68 72 80 73 82
Enter grades for student 4: 90 89 96 91 90
Enter grades for student 5: 71 86 81 77 72

Student  Total  Average
   1      428     85
   2      405     81
   3      375     75
   4      456     91
   5      387     77

Quiz  Average  High  Low
  1      77      90    68
  2      79      89    69
  3      85      96    79
  4      85      98    73
  5      82      90    72
```

提示：读者可以通过慕课视频 8.3 来巩固 7.2 节所学的内容。

习题 7

1. 声明一个名为 weekend 的数组，其中包含 7 个布尔类型值。要求用一个初始化式把第一个和最后一个值置为 true，其他值都置为 false。

2. 斐波那契数为 0,1,1,2,3,5,8,13,…，其中每个数是其前面两个数的和。编写一个程序片段，声明一个名为 fibnumber 的长度为 40 的数组，并填入前 40 个斐波那契数。提示：先填入前两个数，然后用循环计算其余的数。

3. 将用键盘输入的 n 个数存放在数组中，将最小值与第一个数交换，输出交换后的 n 个数。

4. 为一个 8×8 的字符数组编写声明，数组名为 chessboard，用一个初始化式把下列字符放入数组（每个字符对应一个数组元素）。

```
r n b q k b n r
p p p p p p p p
. . . . . . . .
. . . . . . . .
. . . . . . . .
. . . . . . . .
p p p p p p p p
R N B Q K B N R
```

5. 下面是一条常见的 BIFF 公告。

```
H3Y DUD3,C 15 RILLY COOL!!!!!!!!!!
```

编写一个"BIFF 过滤器"，它可以读取用户输入的消息并把消息编译成 BIFF 的表达风格。程序的运行结果示例如下。

```
Enter message:Hey dude,C is rilly cool
In BIFF-speak:H3Y DUD3,C 15 RlLLY C00L!!!!!!!!!!
```

程序需要把消息转换成大写字母，用数字代替特定的字母（A→4、B→8、E→3、I→1、O→0、S→5），然后添加 10 个感叹号。提示：把原始消息存储在一个字符数组中，然后从数组头开始逐个编译并显示字符。

6. 编写程序，读取一个 5×5 的整型数组，然后显示每行元素的和与每列元素的和。程序的运行结果示例如下。

```
Enter row 1: 8 3 9 0 10
Enter row 2: 3 5 17 1 1
Enter row 3: 2 8 6 23 1
Enter row 4: 15 7 3 2 9
Enter row 5: 6 14 2 6 0
Row totals: 30 27 40 36 28
Column totals: 34 37 37 32 21
```

7. 输入一个正整数 n（$n \leqslant 6$），再输入 $n×n$ 的矩阵，求其主对角线元素之和及副对角线元素之和并输出。

8. 用键盘输入一个 2×3 的矩阵，将其转置后形成 3×2 的矩阵并输出。

第8章 指针

C语言之所以被称为具有低级语言功能的高级程序设计语言，就是因为指针的应用。通过指针，C程序能直接访问计算机的内存单元。因此，C语言非常适用于开发底层系统软件。指针的应用和内存关系密切。本章将从内存的概念入手，引出指针的概念和应用方法。

8.1 内存

在内存中，每个字节都由一个数字**地址**标识。假设内存有 4MB 大小，第一个字节的编址为 0，第二个为 1，以此类推，最大的地址为 4194303（$4×2^{20}-1$），如图 8-1 所示，内存的每一个字节都有一个地址标识。

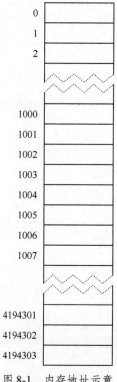

图 8-1 内存地址示意

假设声明了一个字符变量 ch，编译器会预留一个字节的空间，再假设该预留空间的地址是 1000，如果程序执行下面的语句，那么 A 的 ASCII 值 65 会存储在 1000 的地址空间中，其内存分配结果如图 8-2 所示。

```
ch='A';
```

我们只假设字符 ch 存储在 1000 的地址空间中，编译器会在内存中为函数的变量分配存储空间，但我们无法提前知道是哪一块空间。画一个内存示意图，把各个变量分配到从一个特定值开始的连续空间，这有助于我们直观地理解程序运行时内存的变化。

例如，如果一个 int 型变量占用了 4 个字节的空间，那么编译器会在内存中为它分配一块 4 个字节的连续空间。如果图 8-3 所示的阴影区域存储了一个 int 型变量，这种多字节的变量以第一个字节的地址标识为存储地址，因此该变量的存储地址为 1000。

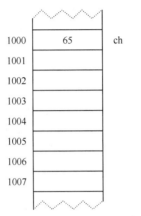

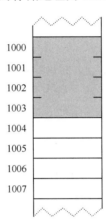

图 8-2　字符分配的内存地址示意　　　图 8-3　int 型变量分配的内存地址示意

8.2 指针变量及其应用

8.2.1　指针变量

在 C 语言中，内存地址对程序员来说是可操作的，表示内存地址的数据项，称为**指针**。在第 3 章讨论了程序存储数据的基本模式，无论是 int 型数据，还是 float 型数据，都存储在变量中。同样，指针，即地址类型的数据，也可以存储在变量中。在程序设计中，通常称存储地址的变量为指针变量。

当声明一个指针变量时，变量名前必须加星号，如下所示。

```
int *p;
```

当采用指针变量 p 来存储整型变量 i 的地址时，我们通常说 p 指向 i，指针变量就是存储地址的特殊变量，如图 8-4 所示。

每个指针变量只能指向一种特定类型的对象，如下所示。

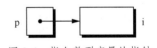

图 8-4　指向整型变量的指针

```
int *p;        /* 指向整型对象 */
double *q;     /* 指向双精度的浮点型对象 */
char *ch;      /* 指向字符型对象 */
```

为了使用指针地址指向的数据，编译器必须知道如何解释这些数据，因此必须明确地给出指针指向的类型。注意：我们采用术语"对象"而不是"变量"，是因为指针可以指向不属于变量的内存区域。

8.2.2　取地址和间接寻址运算

C 语言提供了两个运算符，可以在指针和相应数据之间进行运算。

&（取地址）运算符：用于得到变量的地址。

*（间接寻址）运算符：用于访问指针所指向的对象。

&运算符以左值为操作数，返回左值所在的内存地址；*运算符获取指针所指向的对象的值。

```
int x,y;
int *p1,*p2;
```

如图 8-5 所示，上面这些声明语句执行后，内存中一共为其分配了 4×4 共 16 个字节的空间，整型变量 x 和 y 各占 4 个字节，指针变量 p1 和 p2 也各占 4 个字节。

执行下面的赋值语句，内存中的结果如图 8-6 所示。

```
x=-42;
y=163;
```

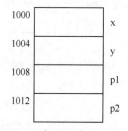
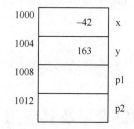

图 8-5　声明后内存示意　　　图 8-6　整型变量赋值后内存示意

声明语句只定义了指向整型常量的两个指针 p1 和 p2，但是没有初始化，不知道它们指向哪里，我们可以通过&运算符初始化两个指针变量。

```
p1=&x;
p2=&y;
```

指针变量初始化后内存的状态如图 8-7 所示，图中的箭头表明了指针变量 p1 和 p2 指向的数据项。

在这个状态下，*p1 相当于 x 的别名，而*p2 相当于 y 的别名。

执行下面的两条语句，内存中的结果如图 8-8 所示，指针变量 p1 和 p2 的内容并没有发生任何变化，但它们指向的 x 和 y 变量里面的内容被修改了。

```
*p1=16;      // 间接寻址
*p2=17;      // 间接寻址
```

修改指针变量的值，实际上就是修改它存储的地址。执行下面的语句，内存中的结果如图 8-9 所示，p1 和 p2 都指向了变量 y。

```
p1=p2;       // 修改指针变量的值
```

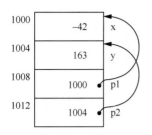 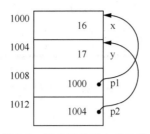 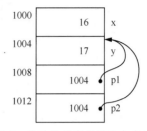

图 8-7　指针变量初始化后内存示意　图 8-8　间接寻址后内存示意　图 8-9　修改指针变量值后内存示意

8.2.3　NULL 指针

C 语言定义了 NULL 指针，表示指针不指向任何有效数据。为了测试一个指针是否为 NULL 指针，可以将它与 0 值进行比较，这是一种源代码约定。

如果一个指针变量的值为 NULL，就不要用*运算符来间接引用此变量。NULL 值的目的是表示指针不指向有效数据，所以想要找出和 NULL 指针有关的数据是没有意义的。遗憾的是，大多数编译器都不会明确检查这种错误。

如果你间接引用 NULL 指针指向的数据，很多编译器会寻找存放在内存地址 0 中的值。如果你正巧使用 NULL 指针来改变那个值的话，程序很可能会崩溃，使用未初始化的指针变量也会发生同样的问题。

NULL 指针的各种使用方法，在介绍和它们相关的应用时会加以介绍。现在要记住的是，有这样一个常量存在。常见错误：间接引用那些没有初始化或值为 NULL 的指针，会引用不属于本程序的内存空间，很可能会使程序崩溃。

> ⊙提示：读者可以通过慕课视频 11.1 来巩固 8.2 节所学的内容。

8.3　指针和数组

C 语言中指针和数组的关系非常紧密，理解这种关系对于掌握 C 语言至关重要。

8.3.1　指针的算术运算

C 语言允许对指向数组元素的指针进行算术运算（加法和减法）。指针算术运算是指在原有位置的基础上，通过加一个正整数实现指针的前移（地址增大的方向）或者通过减一个正整数实现指针的后移。这一特性使我们能够用指针代替数组下标对数组进行处理。

示例如下。

```
int a[10],*p;
p=&a[0];
*p=5;
```

结果就是指针 p 指向数组的第一个元素，可以通过 p 去访问 a[0]，并给 a[0]赋值 5。效果如图 8-10 所示。

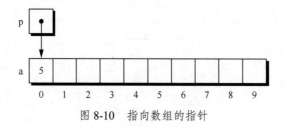

图 8-10　指向数组的指针

程序 pointerArith.c 通过操控指向数组的指针 p 操控数组。

```
/* pointerArith.c */
#include<stdio.h>
int main()
{
    int i,a[10],*p;
    p=&a[0];
    for(i=0;i<10;i++)
    {
        *p=i;
        p++;
    }

    p=&a[0];        //重新让指针指向a[0]
    for(i=0;i<10;i++)
        printf("a[%d]=%d\n",i,*p++);

    return 0;
}
```

程序的运行结果如下。

```
a[0]=0
a[1]=1
a[2]=2
a[3]=3
a[4]=4
a[5]=5
a[6]=6
a[7]=7
a[8]=8
a[9]=9
```

　　第一个 for 语句通过 p 指针每次加 1 的方式遍历数组，给数组 a 的每个元素赋初始值。第二个 for 语句通过*p++的方式把赋了初始值的数组 a 的所有元素输出。

　　注意，因为后缀 "++" 的优先级高于 "*"，所以编译器把*p++看成*(p++)，printf 语句会先输出 p 当前指向的内容，然后 p 才会加 1。因此，第一个 for 语句里面的两个初始化语句也可以合为如下语句。

```
*p++=i;
```

⚠ **注意**：*p++和(*p)++的含义完全不同。*p++是指指针 p 加 1，让指针指向下一个数组元素；而(*p)++自增的是指针 p 指向的数组元素。前者是指地址自增，后者是指数组元素的内容自增，我们可以通过 pointerArith1.c 程序来理解它们的不同之处。

```
/* pointerArith1.c */
#include<stdio.h>
int main()
{
    int i,a[10],*p;
    p=&a[0];
    for(i=0;i<10;i++)
        *p++=0;                 //将数组 a 的所有元素初始化为 0，通过指针自增遍历数组
    p=&a[0];                    //重新让指针指向 a[0]
    printf("%d\n",(*p)++);      //自增的是指针 p 指向的 a[0]
    printf("%d\n",*p);
    printf("%d\n",a[0]);        //明确输出 a[0]的值
    return 0;
}
```

程序的运行结果如下。

```
0
1
1
```

通过这两个例子我们可以类推出间接寻址运算符 "*" 和—的组合应用，以及前缀 "++" 和 "--" 配合 "*" 的应用。

下面的例子说明了指针的加法运算。

```
int a[10],*p,*q,i;
p=&a[2];
q=p+3;
p+=6;
i=p-q;
```

上面几条语句的执行过程如图 8-11 所示，i 的结果为 3，表明了两个指针之间的距离。如果 p 指向数组元素 a[i]，q 指向数组元素 a[j]，那么 p-q 就等于 i-j。

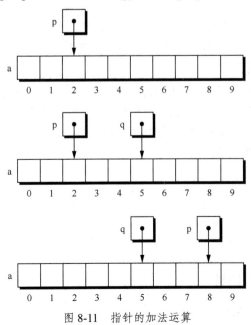

图 8-11　指针的加法运算

下面的例子说明了指针的减法运算。

```
int a[10],*p,*q;
p=&a[8];
q=p-3;
p-=6;
```

上面几条语句的执行过程如图 8-12 所示。如果 p 指向数组元素 a[i]，那么 p-j 指向数组元素 a[i-j]。

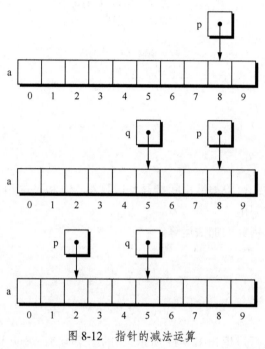

图 8-12　指针的减法运算

8.3.2　指针的比较

当两个指针指向同一个数组时，可以用关系运算符（<、<=、>、>=）以及判等运算符（==和!=）进行比较操作。指针属于一种派生类型，那么究竟属于何种类型的指针要受其所指变量或对象的类型的限制？

由于不同类型的变量在内存中分配的存储空间不同，并且对于不同的数据类型，定义于其上的操作和运算也不尽相同。因此，尽管所有指针的值都是二进制正整数，但是从关系运算的操作语义上看，允许不同类型的指针进行比较没有实际意义。

下面的例子说明了指针的比较。

```
int a[10],*p,*q;
p=&a[8];
q=&a[3];
printf("%d ",p<q);    //输出 0
printf("%d ",p!=q);   //输出 1
```

8.3.3　数组名作为指针

数组与指针有两种关系：

① 指针的算术运算，本质上是对数组元素的定位操作；

② 用数组的名字作为指向数组第一个元素的指针。

示例如下。

```
int a[10];
*a=9;        /* 为 a[0]赋值 9 */
*(a+1)=16;   /* 为 a[1]赋值 16 */
```

在保证数组访问不越界的情况下：a+i 相当于&a[i]，表示指向数组 a 中下标为 i 的元素的指针；*(a+i)相当于 a[i]，表示数组 a 中下标为 i 的元素。

数组名用作指针，可以使编写遍历数组的循环更加容易。

```
for(p=&a[0];p<&a[N];p++)
    sum+=*p;
```

上述循环语句可以简化为如下形式。

```
for(p=a;p<a+N;p++)
    sum+=*p;
```

数组名 a 可以理解为指向数组第一个元素的指针常量，既然是常量，那么不能修改，因此下面的用法是错误的。

```
while(*a!=0)
    a++;      /* 错误 */
```

如果把 a 赋值给一个指针变量，操作指针变量就是合法的，如下所示。

```
p=a;
while(*p!=0)
    p++;
```

8.3.4 指针作为数组名

数组名可以作为指针，指针也可以用作数组名，示例如下。

```
#define N 10
int a[N],i,sum=0,*p=a;
for(i=0;i<N;i++)
    sum+=p[i];
```

编译器会将 p[i]看作*(p+i)，相当于 a[i]，这是指针算术运算的正规用法。事实上，对指针取下标有非常广泛的用途。

🔍 提示：读者可以通过慕课视频 11.3、视频 11.4 和视频 11.5 来巩固 8.3 节所学的内容。

8.4 指针和二维数组

8.4.1 操作二维数组的元素

本节将探讨采用指针来处理二维数组元素的常用方法。C 语言按行主序顺序存储二维数组，一个 r 行的数组在内存中的存储顺序如图 8-13 所示。

图 8-13　内存中的存储顺序

如果我们要把二维数组 a 的所有元素置为 1，可以采用嵌套的 for 语句完成，如下所示。

```
int a[NUM_ROWS][NUM_COLS];
int row,col;
for(row=0;row<NUM_ROWS;row++)
    for(col=0;col<NUM_COLS;col++)
     a[row][col]=1;
```

如果将 a 视为一维的整型数组，一层循环就够了，代码如下。

```
int *p;
for(p=&a[0][0];p<=&a[NUM_ROWS-1][NUM_COLS-1];p++)
  *p=1;
```

> 注意：二维数组中的最后一个元素是 a[NUM_ROWS-1][NUM_COLS-1]，千万不要越界访问。这类用法利用了二维数组在内存里面按行序顺序存储的特性，但破坏了程序的可读性。

8.4.2　操作二维数组的行

指针变量 p 可用于处理二维数组中的某一行元素。为了访问二维数组 a 中的第 i 行元素，可以采用如下方式初始化指针 p，使之指向数组 a 中第 i 行的第 0 个元素。

```
p=&a[i][0];
```

或者，可以简单地写为如下形式。

```
p=a[i];
```

对于任意二维数组 a，表达式 a[i]的结果是一个指针，指向数组 a 中第 i 行的首元素，二维数组的每一行其实就是一个 a[i]指向的一维数组。

下面的语句把二维数组 a 的第 i 行的所有元素置为 1。

```
int a[NUM_ROWS][NUM_COLS],*p,i;
for(p=a[i];p<a[i]+NUM_COLS;p++)
  *p=1;
```

8.4.3　指针数组和指向数组的指针

程序 pointerArray.c 定义了一个二维数组 c，第 1 个循环利用指针 p 遍历二维数组 c，并把二维数组 c 的 8 个元素的地址赋给数组 a 的 8 个元素，并输出；第 2 个循环通过指向一维数组的指针 b 来访问二维数组 c 每行中列下标为 1 的元素；第 3 个循环通过数组下标来访问二维数组 c 每行中列下标为 1 的元素。

```
/* pointerArray.c */
```

```
#include<stdio.h>
int main()
{
    int c[2][4]={{1,2,3,4},{11,12,13,14}},i,*p;
    int *a[8];      //指针数组（首先是数组，元素是指针）
    int(*b)[4];      //指向数组的指针（首先是指针，指向数组）

    for(p=&c[0][0],i=0;p<=&c[1][3];p++) {      //p=&c[0][0]可替换为p=c[0]
        a[i]=p;
        printf("a[%d]=%d\n",i,a[i]);
        i++;
    }                 //把二维数组8个元素的地址赋给数组a的8个元素

    for(b=&c[0];b<&c[2];b++){                       //b=&c[0]可替换为b=c
        printf("(*b)[1]=%d\n",(*b)[1]);
    }                 //b是指向一维数组的指针

    for(i=0;i<2;i++){
        printf("c[%d][1]=%d\n",i,c[i][1]);
    }
    return 0;
}
```

程序的运行结果如下。

```
a[0]=6356752
a[1]=6356756
a[2]=6356760
a[3]=6356764
a[4]=6356768
a[5]=6356772
a[6]=6356776
a[7]=6356780
(*b)[1]=2
(*b)[1]=12
c[0][1]=2
c[1][1]=12
```

程序 pointerArray1.c 中，第 1 个循环通过指向一维数组的指针 b 来访问二维数组 c 每行中列下标为 1 的元素；第 2 个循环通过数组下标来访问二维数组 c 每行中列下标为 1 的元素；最后两个 printf 语句的作用和第 1 个循环的类似，只是一个用指向二维数组 c 的指针 b 来访问，一个直接用数组名当作指针来访问。

```
/* pointerArray1.c */
#include<stdio.h>
int main( )
{
    int c[2][4]={{1,2,3,4},{11,12,13,14}},i,*p;
    int(*b)[4];    //指向数组的指针
    for(b=c;b<&c[2];b++){
        printf("(*b)[1]=%d\n",(*b)[1]);
    }
    for(i=0;i<2;i++){
        printf("c[%d][1]=%d\n",i,c[i][1]);
```

```
    }
    printf("%d\n",(*c)[1]);          //指向数组的指针，指向第 1 行，即 c[0]
    printf("%d\n",(*(c+1))[1]);      //指向数组的指针，指向第 2 行，即 c[1]
}
```

程序的运行结果如下。

```
(*b)[1]=2
(*b)[1]=12
c[0][1]=2
c[1][1]=12
2
12
```

8.4.4 操作二维数组的列

处理二维数组中的一列元素则更麻烦，因为数组是逐行存储（而非逐列存储）的，我们来看一下如何把二维数组 a 中的第 i 列元素置为 1。

```
int a[NUM_ROWS][NUM_COLS],(*p)[NUM_COLS],i;
for(p=&a[0];p<&a[NUM_ROWS];p++)
    (*p)[i]=1;
```

(*p)[NUM_COLS]表明 p 是指向长度为 NUM_COLS 的整型数组的指针；表达式 p++ 表示把 p 移到数组下一行开始的位置；表达式(*p)[i]表示选中该行的第 i 列元素。

*p 代表 a 的一整行，(*p)[i]表示选择该行的第 i 列的元素；(*p)[i]中的括号必须有，否则编译器将把*p[i]解析为*(p[i])。

> 提示：读者可以通过慕课视频 11.6 来巩固 8.4 节所学的内容。

习题 8

1. 如果 i 是变量，且 p 指向 i，那么下列哪些表达式是 i 的别名？
（1）*p   （2）&p   （3）*&p   （4）&*p
（5）*i   （6）&i   （7）*&i   （8）&*i

2. 如果 i 是 int 型变量，且 p 和 q 是指向 i 的指针，那么下列哪些赋值是合法的？
（1）p=i;   （2）*p=&i;   （3）&p=q;
（4）p=&q;   （5）p=*&p;   （6）p=q;
（7）p=*q;   （8）*p=q;   （9）*p=*q;

3. 下列函数假设用来计算数组 a 中元素的和及平均值，且数组 a 的长度为 n。avg 和 sum 指向函数需要修改的变量。但是，这个函数有几个错误，请找出这些错误并且修改它们。

```
void avg_sum(double a[],int n,double *avg,double *sum)
{
    int i;
    sum=0.0;
    for(i=0;i<n;i++)
```

```
        sum+=a[i];
    avg=sum/n;
}
```

4. 编写下列函数。

```
void swap(int *p,int *q);
```

当传递两个变量的地址时，swap 函数应该交换两个变量的值。

```
swap(&i,&j);    /* 交换 i 和 j 的值 */
```

5. 编写下列函数。

```
void split_time(long total_sec,int *hr,int *min,int *sec);
```

total_sec 是从午夜开始计算的由秒数所表示的时间。hr、min 和 sec 都是指向变量的指针，这些变量在函数中将分别存储用小时（0～23）、分钟（0～59）和秒（0～59）表示的等价时间。

6. 编写下列函数。

```
void find_two_largest(int a[],int n,int *largest,int *second_largest);
```

当传递长度为 n 的数组 a 时，函数将在数组 a 中搜寻最大的元素和第二大的元素，并会把它们分别存储在由 largest 和 second_largest 指向的变量中。

第 9 章　函数

函数由一组语句构成，并且有一个函数名。使用函数名可以引用这一组语句，这称为**函数调用**。在前文的例子里面，我们已经调用过 scanf 和 printf 等系统库函数。通过函数的使用，可以将较大、较复杂的问题分解成较小的问题，分解是编程的基本策略。利用函数不仅可以实现程序的模块化，使程序设计更加简单和直观，提高了程序的可读性和可维护性，还能增强代码的可重用性。

9.1　函数的定义和声明

9.1.1　函数的定义

函数的定义就是函数体的实现，函数体就是一个代码块，它在函数被调用的时候执行。函数的定义格式如下。

```
返回类型  函数名(形式参数列表)
{
    函数体
}
```

示例如下。

```c
double max(double a,double b)
{
    return a>b?a:b;
}
```

函数名必须是合法的标识符，并且不能与其他函数或变量重名，否则运行会出错。函数名前面的返回类型是指函数返回值的数据类型。如果函数无返回值，则返回类型为 void 类型。

形式参数列表可以为空；当有多个参数时，参数之间用逗号分隔。

{}中的内容称为函数体，是函数的具体实现。

return 语句是函数的返回语句。return 后面跟一个表达式，其会返回表达式的值。函数的 return 语句是可选语句，函数可以没有返回值。

C 程序由一个主函数（main）和 0 个或多个其他函数构成。程序的执行总是从主函数开始。

```c
/* max.c */
#include<stdio.h>
double max(double a,double b)
{
```

```
    return a>b?a:b;
}

int main()
{
    double x,y;
    printf("Enter two numbers:");
    scanf("%lf%lf",&x,&y);
    m=max(x,y);
    printf("The maximum number is %f \n",m);
    return 0;
}
```

程序的运行结果如下。

```
Enter two numbers:13.8977  876.50879
The maximum number is 876.508790
```

程序 max.c 的 main 函数调用了 max 函数，调用的时候用实际参数 x 和 y 替代了形式参数 a 和 b，即把 x 的值复制给 a，把 y 的值复制给 b。max 函数返回的是 a 和 b 中的最大值，实际是 x 和 y 中的最大值，并把最大值赋给了变量 m。

🔍 提示：读者可以通过慕课视频 9.1 来巩固 9.1.1 小节所学的内容。

9.1.2　函数的声明

C 语言没有要求函数的定义必须放置在调用它的函数之前。我们修改程序 max.c，把 max 函数的定义放在 main 函数之后，会出现什么问题呢？

```
/* max.c */
#include<stdio.h>
int main()
{
    double x,y;
    printf("Enter two numbers:");
    scanf("%lf%lf",&x,&y);
    m=max(x,y);
    printf("The maximum number is %f\n",m);
    return 0;
}

double max(double a,double b)
{
    return a>b?a:b;
}
```

当遇到 main 函数中的 max 函数调用时，编译器没有任何关于 max 函数的信息。编译器会假设 max 函数返回 int 型的值，其实质是编译器为该函数创建了一个隐式声明（implicit declaration）。

当编译器在后面遇到了 max 的定义时，它发现该函数的返回值类型实际是 double 型而非 int 型，结果我们将得到一条错误消息，如下所示。

```
error: previous implicit declaration of 'max' was here
```

为了避免定义前调用函数这类问题的发生，一种方法是安排程序，使每个函数的定义都在此函数被调用之前进行。可惜的是，有时可能无法进行这类安排，即使做了这类安排，也可能会因为按照不自然的顺序放置函数定义，使程序难以阅读。

幸运的是，C 语言提供了一种更好的解决办法：在调用前声明需要调用的函数。函数声明使编译器对函数进行浏览，而函数的完整定义稍后出现。函数声明的一般形式如下。

```
返回类型 函数名(形式参数);
```

函数的声明必须与函数的定义一致。程序 max1.c 先进行了 max 函数的声明，因此函数的先后顺序不会造成编译器的困扰。

```
/* max1.c */
#include<stdio.h>
double max(double a,double b);  /* 函数原型 */

int main()
{
    double x,y,m;
    printf("Enter two numbers:");
    scanf("%lf%lf",&x,&y);
    m=max(x,y);
    printf("The maximum number is %f\n",m);
    return 0;
}

double max(double a,double b)
{
    return a>b?a:b;
}
```

对于被声明的函数，我们通常称为函数原型。函数声明提供了函数的对外接口，为如何调用函数提供了完整的描述：提供几个实际参数，这些参数是什么类型，以及返回值的类型。因为编译器做的是类型检查，所以函数原型只要给出形式参数的类型就可以了，形式参数的名字是可选的。下面的函数原型都是合法的。

```
double average(double,double);
double average(double a,double);
double average(double,double b);
double average(double a,double b);
```

但是，强烈建议给出形式参数的名字，这会让程序阅读者容易联想到参数的用途。

🔍 提示：读者可以通过慕课视频 9.2 来巩固 9.1.2 小节所学的内容。

9.2 函数的参数

9.2.1 函数的传值

函数的形式参数（parameter）出现在函数定义中，函数定义是函数实现的模板；实际参数（argument）出现在函数调用的表达式中。在 C 语言中，调用函数时，程序会计算出每个实际参数的值并且把它们赋值给相应的形式参数。max 函数的调用情况如图 9-1 所示。实际参数和形式参数使用不同的内存单元，参数传值只是把实际参数的值复制给形式参数，因此，调用过程中形式参数的改变不会影响到实际参数。

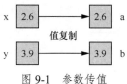

图 9-1　参数传值

形式参数变量只有在函数被调用时才分配内存单元，因此，形式参数只在函数内部有效，函数调用结束，返回主调函数后，形式参数变量的内存空间被回收，不复存在。

调用带参数的函数时要注意：实际参数列表中的实际参数与形式参数在个数、顺序、类型上要匹配，当类型不一致时，实际参数的类型自动或强制向形式参数的数据类型转换。

思考下面这个函数，此函数用来计算数 y 的 m 次幂。

```c
int power(int y,int m)
{
    int i,result=1;
    for (i=1;i<=m;i++)
        result=result*y;
    return result;
}
```

因为 m 只是原始指数的副本，所以可以在函数体内修改它，从而就不需要使用变量 i 了。

```c
int power(int y,int m)
{
    int result=1;
    while (m-->0)
        result=result*y;
    return result;
}
```

提示：函数的完整源码请参看 2.7 节的 power.c。

9.2.2　指针型参数

我们希望编写一个函数，能把两个参数的值互换，如果我们用 swapvoid.c 程序去做这件事情，就会徒劳无功。

```c
/* swapvoid.c */
#include<stdio.h>
void swap(int x,int y);

int main()
{
    int a=6,b=8;
    printf("Before exchanging numbers:a=%d,b=%d\n",a,b);
    swap(a,b);
    printf("After exchanging numbers:a=%d,b=%d\n",a,b);
    return 0;
}

void swap(int x,int y)
{
```

```
    int temp;
    temp=x;
    x=y;
    y=temp;
}
```

程序的运行结果如下。

```
Before exchanging numbers:a=6,b=8
After exchanging numbers:a=6,b=8
```

主程序调用 swap 函数的时候只把变量 a 的值 6 赋给了 x，把变量 b 的值 8 赋给了 y，虽然调用函数期间 x 和 y 的值互换了，但函数调用结束，返回主调函数后，形式参数变量 x 和 y 的内存空间被回收，不复存在，而 a 和 b 的值没有受到任何影响。

为了访问主调函数变量的值，你必须向函数传递指向你希望修改的变量的指针，接着在函数内部对指针执行间接访问操作，修改主调函数变量的值。我们修改 swapvoid.c 程序，得到 swap.c 程序，它就能达到我们的目的。

```
/* swap.c */
#include<stdio.h>
void swap(int *p,int *q);

int main()
{
    int a=6,b=8;
    printf("Before exchanging numbers:a=%d,b=%d\n",a,b);
    swap(&a,&b);
    printf("After exchanging numbers:a=%d,b=%d\n",a,b);
    return 0;
}

void swap(int *p,int *q)
{
    int temp;
    temp=*p;
    *p=*q;
    *q=temp;
}
```

程序的运行结果如下。

```
Before exchanging numbers:a=6,b=8
After exchanging numbers:a=8,b=6
```

从运行结果可以看出，我们完美互换了实际参数 a 和 b 的值。其中的关键之处在于，swap 函数的两个形式参数是指针，调用 swap 函数时，我们复制的是实际参数 a 和 b 的地址，在执行 swap 函数时，我们通过实际参数 a 和 b 的地址，间接修改了变量 a 和 b 的值。这就是所谓的"传址"应用，其本质是"传值"，不过传的是地址的值，函数实现的时候通过指针的间接访问操作，修改了主调函数的变量。

9.2.3 数组型参数

数组也可以作为函数的参数，数组型参数的值是一个指针，下标引用实际上是对这个指针执行间接访问操作。在声明数组型参数时不指定它的长度是合法的，因为函数并没有为数组元素分配内存，而是间接访问主调函数中的数组元素。

我们修改 7.1.4 小节中的冒泡排序程序 bubble2.c，把冒泡排序算法写进函数中，增加程序的可重用性。

```
/* bubble3.c */
#include<stdio.h>
#define N 10
void bubble(int a[],int n);

int main(void)
{
    int arr[N]={-7,-6,3,5,6,9,19,8,22,12};
    int i;
    bubble(arr,N);
    for(i=0;i<N;i++)
        printf ("%d  ",arr[i]);
    printf ("\n");
    return 0;
}

void bubble(int a[],int n)
{
    int temp,i,j,flag=1;
    for(i=0;i<n-1&&flag==1;i++)   /* i<n-1 和 flag 为 1 两个条件同时满足才继续循环 */
    {
        flag=0;                   /* flag 为 0 表明暂时元素没有互换 */
        for(j=0;j<n-1-i;j++)
        {
            if(a[j]>a[j+1])       /* 相邻元素比较，若逆序则交换 */
            {
                temp=a[j];
                a[j]=a[j+1];
                a[j+1]=temp;
                flag=1;           /* 元素互换了，flag 置为 1 */
            }
        }
    }                             /* 数组 arr 的元素按从小到大的顺序排序 */
}
```

程序的运行结果如下。

```
-7  -6  3  5  6  8  9  12  19  22
```

主函数调用 bubble(arr,N)函数的时候，把实际参数 arr 数组的地址复制进去了，因此，bubble 函数通过指针的间接访问方式对实际参数 arr 数组的元素进行了排序。

C 语言没有为函数提供任何简便的方法来确定传递给它的数组的长度，因此，如果函数需要，必须把长度作为额外的实际参数提供出来。bubble(int a[],int n)函数的第二个参数就用于指定数组的长度。

🔍 提示：读者可以通过慕课视频 9.2 来巩固 9.2 节所学的内容。

9.3 函数的调用

9.3.1 函数的嵌套调用

C 语言通过运行时的栈结构来实现函数的调用，栈是一种后进先出的数据结构。函数的嵌套调用过程的机制如图 9-2 所示。执行步骤如下。

（1）主调函数计算每个参数的值。参数是表达式，这些计算都是在新的函数实际执行之前完成的。

（2）系统为新的函数需要的所有局部变量和参数分配空间，这些变量通常被分配在一个**栈帧**（上下文）的块中。

（3）把每个参数的值复制到对应的参数变量中，如果有多个参数，则顺序复制参数变量。如果数据类型不一致，就进行类型转换。

（4）遇到 return 语句或执行完所有语句后，函数返回。

（5）return 表达式的值（如果有）作为函数的返回值。如果返回值类型和函数声明的返回值类型不一致，则进行类型转换。

（6）丢弃为执行该函数调用所创建的栈帧，这个过程销毁了所有的局部变量。

（7）回到主调函数，继续执行主调函数。

编译器使用栈保存函数调用的上下文，在本次函数调用结束后，恢复主调函数的上下文，继续执行后面的可执行语句。

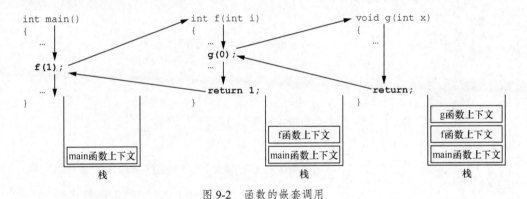

图 9-2　函数的嵌套调用

9.3.2 函数的递归调用

函数在它的函数体内调用它自身称为递归调用，这种函数称为递归函数。我们来看一个例子。假设要编写一个函数来求给定参数的阶乘，容易想到的解决方案就是循环。不过，这次我们用不同的方法来解决，首先我们来看阶乘的数学定义。

$$n!=1\times2\times3\times\cdots\times(n-1)\times n$$

$$1!=1$$

现在我们把这个公式变形，如下所示。

$$n!=(1×2×3×\cdots×(n-1))×n$$
$$=(n-1)!×n$$
$$1!=1$$

这种用自身定义自身的方式就是递归。请注意，递归定义需要终止的条件。

程序 recursion.c 实现了阶乘的递归调用。

```c
/* recursion.c */
#include<stdio.h>
unsigned long fact(unsigned long n);
int main()
{
    unsigned long m;
    printf("Enter a positive integer number: ");
    scanf("%uld",&m);
    printf("%ld!=%ld\n",m,fact(m));
    return 0;
}

unsigned long fact(unsigned long n)
{
    if (n<=1) return 1;
    else return fact(n-1)*n;
}
```

程序的运行结果如下。

```
Enter a positive integer number: 9
9!=362880
```

我们来追踪一下程序 recursion.c 的执行过程，假设有调用 f=fact(4)，其调用执行过程如图 9-3 所示。

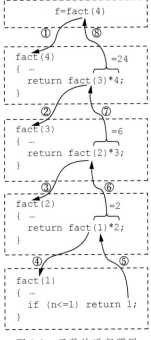

图 9-3 函数的递归调用

9.3.3 选择排序

程序 selection.c 要求用户输入一串整数，并把它们存储在一个数组中，然后调用递归的选择排序算法实现数组的排序。selection_sort 函数可以实现：

① 搜索数组中的最大元素，并把它移到数组的最后；

② 递归地调用函数本身，并对前 $n-1$ 个数组元素做相同的工作。

```c
/* selection.c */

#include<stdio.h>
#define N 10
void selection_sort(int a[],int n);

int main(void)
{
  int a[N],i;
  printf("Enter %d numbers to be sorted: ",N);
  for(i=0;i<N;i++)
    scanf("%d",&a[i]);
  selection_sort(a,N);

  printf("In sorted order:");
  for(i=0;i<N;i++)
    printf(" %d",a[i]);
  printf("\n");
  return 0;
}

void selection_sort(int a[],int n)
{
  int i,largest=n-1,temp;

  if(n==1)
    return;

  for(i=0;i<n-1;i++)
    if(a[i]>a[largest])
      largest=i;

  if(largest<n-1) {
    temp=a[n-1];
    a[n-1]=a[largest];
    a[largest]=temp;
  }

  selection_sort(a,n-1);
}
```

程序的运行结果如下。

```
Enter 10 numbers to be sorted: 43 -34 9 8 65 2 223 -23 -89 65
In sorted order: -89 -34 -23 2 8 9 43 65 65 223
```

9.4 全局变量的应用

在 3.3 节我们讨论过变量的空间维度和时间维度，大多数变量都是在函数里面声明的，称为局部变量。局部变量的存储空间是在包含该变量的函数被调用时自动分配的。局部变量的作用域从变量声明的位置开始，到函数返回时结束，这时系统自动收回分配的空间。形式参数拥有和局部变量一样的性质。

参数传递是向函数传递信息的一种方法，函数还可以通过外部变量进行通信。外部变量声明在所有函数体外，也称为全局变量。全局变量的作用域从变量被声明的位置开始，到所在文件的末尾结束。

因此，全局变量可以用来存储需要跨函数调用的值，能被多个函数共享，但容易被滥用，造成函数之间的互相干扰。

程序 stack.c 实现了一个栈的应用，要求用户输入一串圆括号或花括号，然后指出它们之间的嵌套是否正确。如果用户输入的是左括号，程序就把它压入栈中；如果用户输入的是右括号，则从栈中弹出一个左括号，判断是否匹配。

栈和数组一样，可以存储具有相同数据类型的多个数据项。但对栈的操作是存在限制的。

➢ 压栈：在栈顶加入一个数据项。

➢ 出栈：从栈顶删除一个数据项。

➢ 禁止测试或修改不在栈顶的数据项。

在 C 语言中实现栈的一种方法是把元素存储在数组中，我们可以称这个数组为 contents。用一个整型变量 top 来标记栈顶位置。

➢ 当栈为空时，top 的值为 0。

➢ 压栈操作：将数据项存储在 contents 数组中由 top 指定的位置上，然后自增 top。

➢ 出栈操作：先自减 top，然后用其作为 contents 数组的下标，取出相应的数据项。

```
/* stack.c */
#include<stdbool.h>/* C99 only */
#include<stdio.h>
#include<stdlib.h>

#define STACK_SIZE 100
char contents[STACK_SIZE];    /* 外部变量 */
int top=0;

/* prototypes */
void make_empty(void);
bool is_empty(void);
bool is_full(void);
void push(char ch);
char pop(void);
void stack_overflow(void);
void stack_underflow(void);
```

```
int main(void)
{
    bool properly_nested=true;
    char ch;
    printf("Enter parentheses and/or braces: ");
    while(properly_nested &&(ch=getchar())!='\n')
        if(ch=='('||ch=='{')
            push(ch);          /* 遇到左括号，将其压入栈中*/
        else if(ch==')')     /* 遇到右括号，弹出栈顶的左括号，判断是否配对 */
            properly_nested=!is_empty() && pop()=='(';
        else if(ch=='}')     /* 遇到右括号，弹出栈顶的左括号，判断是否配对 */
            properly_nested=!is_empty() && pop()=='{';

    if(properly_nested&&is_empty())
        printf("Parentheses/braces are nested properly\n");
    else
        printf("Parentheses/braces are NOT nested properly\n");

    return 0;
}

void make_empty(void)
{
    top=0;
}
bool is_empty(void)
{
    return top==0;
}
bool is_full(void)
{
    return top==STACK_SIZE;
}
void push(char ch)
{
    if(is_full())
        stack_overflow();
    else
        contents[top++]=ch;
}
char pop(void)
{
    if(is_empty())
        stack_underflow();
    else
        return contents[--top];
    return '\0';
}
void stack_overflow(void)
{
    printf("Stack overflow\n");
    exit(EXIT_FAILURE);
```

```
}
void stack_underflow(void)
{
    printf("Stack underflow\n");
    exit(EXIT_FAILURE);
}
```

第一次运行程序，运行结果如下。

```
Enter parentheses and/or braces:{{}}{{()}}
Parentheses/braces are nested properly
```

第二次运行程序，运行结果如下。

```
Enter parentheses and/or braces: {(({})}}
Parentheses/braces are NOT nested properly
```

9.5 变量的存储类型

我们在 3.3.5 小节提到 C 语言支持 4 种存储类型，即 static、auto、extern 和 register，并探讨了 static 可用于全局变量和局部变量，本节中我们深入讨论变量的存储类型。

变量的存储类型可分为静态存储方式和动态存储方式两大类。

静态存储方式是指在变量定义时就分配内存单元，并一直保留到整个程序结束。全局变量就属于静态存储方式。

动态存储方式是指在程序运行期间，根据需要动态地分配存储空间，使用完毕后释放空间。在复合语句块内定义的变量和函数的参数等属于动态存储方式。

用户存储空间可以分为以下 3 个部分。

➢ 程序区。
➢ 静态存储区。
➢ 动态存储区。

全局变量全部存放在静态存储区，程序开始执行时给全局变量分配存储单元，程序执行完毕就释放。在程序执行过程中它们占据固定的存储单元，静态地进行分配和释放。

动态存储区存放以下数据。

➢ 函数形式参数。
➢ 自动变量（未用 static 声明的局部变量）。
➢ 函数调用时的现场（该函数的局部变量等）保护和返回地址。

9.5.1 register 变量

普通变量都存放在内存中，当对一个变量频繁读写时，必须反复访问内存，从而花费大量的存取时间。C 语言提供了一种 register（寄存器）变量，这种变量存储在 CPU 的寄存器中，可直接从寄存器中被读写，从而提高了效率。可以将循环控制变量和频繁用到的变量定义为 register 变量。

```
/* register.c */
#include <stdio.h>
int fac(int n)
{
    register int i,f=1;
```

```
    for(i=2;i<=n;i++)
       f=f*i;
    return(f);
}
int main()
{
    int i;
    for(i=1;i<=10;i++)
        printf("%d!=%d\n",i,fac(i));
}
```

程序的运行结果如下。

```
1!=1
2!=2
3!=6
4!=24
5!=120
6!=720
7!=5040
8!=40320
9!=362880
10!=3628800
```

💡**注意**：只有局部变量才能定义为 register 变量。如果系统不支持 register 变量，或者 CPU 中的寄存器不够用时，register 变量被当作自动变量处理。由于 CPU 中的寄存器数量有限，不能定义过多的 register 变量，一般以不超过 3 个为宜，register 变量使用完后立即释放所占用的寄存器空间。由于 register 变量不在内存中，因此不能进行地址运算，示例如下。

```
register int k;
scanf("%d",&k);  /* 错误用法 */
```

9.5.2 extern 变量

如果文件 a.c 需要引用 b.c 中的变量 v，就可以在 a.c 中声明"extern int v;"，然后就可以引用变量 v。能够被其他模块以 extern 关键字引用的变量通常是全局变量。

💡**注意**："extern int v;"可以放在 a.c 中的任何地方，比如可以在 a.c 中的 fun 函数定义的开头处声明"extern int v;"，然后就可以引用变量 v，不过这样只能在 fun 函数的作用域中引用变量 v。

习题 9

1. 下列计算三角形面积的函数有两处错误，找出这些错误，并且说出修改它们的方法。（公式中并没有错误。）

```
double triangle_area(double base,height)
double product;
{
```

```
    product=base*height;
    return product/2;
}
```

2. 编写函数 check(x,y,n)：如果 x 和 y 的值都在 0 到 $n-1$ 的区间内，那么函数返回 1；否则函数返回 0。假设 x、y 都是 int 型变量。

3. 对于不返回值且有一个 double 型形式参数的函数，下列哪些函数原型是有效的？

```
void f(double x);
void f(double);
void f(x);
f(double x);
```

4. 编写函数，使函数返回下列值。假设 a 和 n 是形式参数，其中 a 是 int 型数组，而 n 表示数组的长度。

（1）数组 a 中的最大元素。

（2）数组 a 中所有元素的平均值。

（3）数组 a 中正数元素的数量。

5. 如果数组 a 的所有元素的值都为 0，那么下面的函数返回 true；如果数组的所有元素的值都是非 0 的，则函数返回 false。可惜的是，此函数有错误。请找出错误并且说明修改方法。

```
bool has_zero(int a[],int n)
{
    int i;
    for(1=0;i<n;i++)
      if(a[i]==0)
          return true;
      else
          return false;
}
```

6. 编写函数 gcd(m,n)，计算整数 m 和 n 的最大公约数。

7. 编写递归版本的 gcd 函数（见第 7 题），下面是用于编写 gcd 函数的策略：如果 n 为 0，那么返回 m；否则，递归地调用 gcd 函数，把 n 作为第一个实际参数进行传递，而把 m%n 作为第二个实际参数进行传递。

第10章 字符串

字符串是字符序列，可以被看作单个数据项。在前面的章节中，我们多次使用了字符串。我们虽然使用过 char 型数组，但始终没有介绍过字符串的处理方式，本章将详细介绍字符串。

10.1 字符串常量

字符串分为字符串常量和字符串变量。定义在双引号之间的字符序列就是一个字符串常量，常常在输入函数与输出函数中使用，示例如下。

```
# include<stdio.h>
int main(){
    char *a="The matrix operation can be explained by graph theory.";
    printf("%s",a);
    return 0;
}
```

其输出如下所示。

```
The matrix operation can be explained by graph theory.
```

如果想要字符串呈现出特殊的格式，则可以在字符串中加入转义序列，如引入双引号，可以写成如下格式。

```
"\"A graph consists of a set of objects,and set of relation between them.\""
```

它的输出如下。

```
"A graph consists of a set of objects,and set of relation between them."
```

若想让字符串换行显示，则可以使用\n 转义序列，如下所示。

```
"A graph consists of a set of objects,\nand set of relation between them."
```

其输出如下。

```
A graph consists of a set of objects,
and set of relation between them.
```

字符串经常用于创建有意义且可读性较好的程序。用于字符串的常见操作包括：
➢ 字符串的读和写；
➢ 字符串的组合；
➢ 字符串的复制操作；
➢ 字符串的比较；

> ➤ 字符串的部分抽取。

只包含一个字符的字符串常量不同于字符常量。字符串常量"a"是用指针来表示的，这个指针指向存放字符"a"（后面紧跟空白字符）的内存单元，字符串用双引号" "标记；字符串常量'a'是用整数（字符集的 ASCII）来表示的，用单引号' '标记。

> 📎 **注意**：不要在需要字符串的时候使用字符。函数调用 "printf("\n");" 是合法的，因为 printf 函数期望指针作为它的第一个参数，但是下面的调用是非法的。
>
> ```
> printf('\n');          /* 错误 */
> ```

10.2 字符串变量

10.2.1 字符数组与字符串

C 语言并不支持字符串数据类型，但是，它允许用字符数组来表示字符串，因此，在 C 语言中，字符串变量是合法的 C 变量，且总被声明为一个字符数组。字符串变量声明的一般语法格式如下。

```
char string_name[size];
```

其中，string_name 为字符串变量名，size 为数组的长度，示例如下。

```
char name[10];
char location[50];
```

对于字符串变量，当编译器把字符串赋值给字符数组时，会自动在字符数组的末尾添加空白字符'\0'，因此，size 等于字符串的最大字符数加上 1。

假设需要用一个变量存储长度最多为 80 个字符的字符串，由于字符串在末尾需要有空白字符，我们把变量声明为长度是 81 的字符数组，如下所示。

```
#define STR_LEN 80
char location[STR_LEN+1];
```

这里把 STR_LEN 定义为 80 而不是 81，强调的是 location 字符数组最多可以存储 80 个字符，然后在 location 的声明中对 STR_LEN 进行加 1 操作，这是 C 语言程序员常用的方法。

> 📎 **注意**：在声明用于存放字符串的字符数组时，要始终保证数组的长度比字符串的长度大 1，这是因为 C 语言规定每个字符串都要以空白字符结尾。如果没有给空白字符预分配位置，则可能会导致程序运行的时候出现不可预知的结果，因为 C 语言函数库中的函数假设字符串都是以空白字符结束的。

对于字符串常量，当编译器在程序中遇到长度为 n 的字符串常量时，会为该字符串常量分配一个大小为 $n+1$ 的内存空间，这块内存空间将用来存储字符串常量中的字符，并且会使用一个空白字符'\0'来标志字符串的末尾，空白字符是一个所有位都为 0 的字符。

> 📎 **注意**：空白字符'\0'与零字符'0'不一样。空白字符的 ASCII 值是 0，而零字符的 ASCII 值是 48。

10.2.2 字符数组在内存中的存储形式

因为字符串是以字符数组的形式存储的，所以在内存中用一组地址连续的存储单元依次存放字符串中的字符序列。示例如下。

```
char s[8]="network";
```

其中，字符串常量"network"是作为长度为 8 的字符数组进行存储的，如图 10-1 所示。

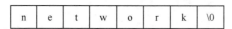

图 10-1　以长度为 8 的字符数组形式存储字符串常量

与数字数组一样，字符数组也可以在声明的时候进行初始化，C 语言允许通过以下两种方式进行字符数组的初始化。

```
char subject[5]="math";
char subject[5]={'m','a','t','h','\0'};
```

因为字符串"math"包含 4 个字符，所以声明的字符数组的长度为 5，最后一位存储空白字符，即终止字符。在采用第二种方式（元素列举的方式）初始化字符数组时，必须加上终止字符。

🔍 **提示**：对于本小节的具体内容，读者可以通过观看慕课视频 12.1 进行巩固。

C 语言还支持不指定数组长度来初始化字符数组，在这种情况下，数组的长度将根据元素的数量自动确定，示例如下。

```
char location[]={'c','h','e','n','g','d','u','\0'};
```

变量 location 将被定义为包含 8 个元素的字符数组。

我们也可以把数组的长度声明得比初始化的字符个数更大，如下所示。

```
char subject[7]="math";
```

上述语句是合法的。在这种情况下，计算机创建一个长度为 7 的字符数组，以空白字符结尾，其他元素则初始化为空，其存储方式如图 10-2 所示。

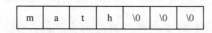

图 10-2　计算机创建一个长度为 7 的字符数组

但是下面的语句是不合法的，它将导致一个编译错误。

```
char subject[3]="math";
```

下面的语句也是不合法的。数组名不能用作赋值运算符的左操作数，具体原因将在 10.2.3 小节中说明。

```
char s1[4]="abc";
char s2[4];
s2=s1;
```

> ⚠ **注意**：如果计划对用来放置字符串的字符数组进行初始化，则一定要确保数组的长度大于初始化时的长度，否则编译器将忽略空白字符，这将使数组无法作为字符串使用。

10.2.3 字符指针

在定义字符串变量的时候，字符数组的声明和初始化不可以分开，也就是说，以下语句是不合法的。

```
char subject[5];
subject="math";
```

subject 是数组名，C 语言编译器将其作为 char *const 类型的指针来对待，该指针值不可修改。在 printf 函数和 scanf 函数中，第一个参数就是 char *const 类型的。因此，"math" 字符串只能"赋值"给一个普通指针变量，如下所示。

```
char *p;
p="math";
```

这个"赋值"操作其实不是复制"math"中的字符，而是使字符指针 p 指向字符串中的第一个字符。p 在这里是指针变量，不是数组名。变量 p 在程序执行期间可以指向其他字符串。

C 语言允许对指针取下标，因此可以对字符串常量取下标，如下所示。

```
char ch;
ch="subject"[1];
```

在上述操作中，ch 的新值是字母 u，其他可能的下标是 0（字符 s）、2（字符 b）、…、7（空白字符）。字符串常量的这种特性并不常用，但有时使用起来比较方便。请读者思考下面这个函数，这个函数把 0～15 的十进制数转换成等价的十六进制的字符形式。

```
char digit_to_hex(int digit){
    return "0123456789ABCDEF"[digit];
}
```

> 🔍 **提示**：对于本小节内容，慕课视频 12.1 和视频 12.2 进行了补充讲解，有疑惑的读者可以通过慕课视频进行扩展学习。

读者需注意如下情况。

（1）试图改变字符串常量会导致发生未定义的行为，示例如下。

```
char *p="math";
*p='a';                    /* 错误 */
```

改变字符串常量可能会导致程序崩溃或者程序运行不稳定。但是字符串变量是可变的，下面的语句是合法的。

```
char s[10]="math";
char *p=s;
*p='a';
```

（2）使用未初始化的指针变量作为字符串是非常严重的错误，考虑下面的例子，它试图创建字符串"math"。

```
char *p;
p[0]='m';              /* 错误 */
p[1]='a';              /* 错误 */
p[2]='t';              /* 错误 */
p[3]='h'               /* 错误 */
p[4]='\0'              /* 错误 */
```

因为字符指针 p 没有被初始化，所以我们不知道它指向哪里，用指针 p 把字符'm'、'a'、
't'、'h'和'\0'写入内存会导致发生未定义的行为。

10.3　字符串的写和读

10.3.1　使用 printf 和 putchar 函数

1．使用 printf 函数在屏幕上输出字符串

我们已经多次使用带转换说明%s 的 printf 函数在屏幕上输出字符串了，转换说明%s 可以
用来输出以空白字符为结尾的字符数组，示例如下。

```
char subject[20]="computer science";
printf("%s",subject);
```

执行上述语句可以将字符数组 subject 的所有字符在屏幕上输出。我们也可以指定要输
出的数组的精确度，如下所示。

```
printf("%10.4s",subject);
```

上面的语句表明前 4 个字符输出在宽度为 10 列的字段中，前 6 个字符是空白字符。但
是，如果在转换说明中包含减号（例如%-10.4s），那么字符串将以左对齐方式显示，默认
显示方式是右对齐。

例 10-1：编写一个程序，将字符串"Computer Science"存储在数组 subject 中，并以不同
的格式输出该字符串。

程序及其运行结果如下。该输出演示了转换说明%s 的以下特性。

（1）转换说明%m.ns 中的 m 表示字段宽度。当字段宽度小于字符串长度时，显示整个
字符串。

（2）小数点右边的整数指定要显示的字符个数。若字段宽度省略不写，则表示其等于
所指定要显示的字符个数。

（3）如果要显示的字符个数被指定为 0，那么什么也不显示。

（4）转换说明中的减号使字符串以左对齐方式显示；没有减号的默认省略了加号，加
号使字符串以右对齐方式显示。

（5）转换说明%m.ns 使程序只显示字符串的前 *n* 个字符。

```
/* subject.c */
#include<stdio.h>
#include<stdlib.h>
void main(){
    char subject[20]="Computer Science";
```

```
    printf("----------------------------\n");
    printf("%s\n",subject);
    printf("%18s\n",subject);
    printf("%5s\n",subject);
    printf("%16.8s\n",subject);
    printf("%-16.8s\n",subject);
    printf("%16.0s\n",subject);
    printf("%.3s\n",subject);
    printf("----------------------------\n");
}
```

程序的运行结果如下。

```
----------------------------
Computer Science
  Computer Science
Computer Science
        Computer
Computer

Com
----------------------------
```

UNIX 系统环境下的 printf 函数有另一个很好的特性，即允许使用变量形式的字段宽度和精确度。示例如下。

```
char *subject="Computer Science";
printf("%*.*s\n",w,d,subject);
```

上面的语句在宽度为 w 的字段中显示字符串的前 d 个字符，该特性适用于显示字符序列。

例 10-2：编写一个程序，逐一输出"Computer"字符串的所有字符。效果如下所示。

```
C
Co
Com
…
Computer
Computer
…
Com
Co
C
```

程序代码如下。

```
/* computer.c */
#include<stdio.h>
#include<stdlib.h>
void main(){
    char subject[ ]="Computer";
    int i;
    for(i=1;i<9;i++){
        printf("%-16.*s\n",i,subject);
    }
    for(i=8;i>=1;i--){
        printf("%-16.*s\n",i,subject);
    }
}
```

此外，使用转换说明%12.*s、%.*s 和%*.1s，对应的输出如下，它们进一步演示了字段宽度和精确度可变的字符串的输出效果。

```
        C               C       C
        Co              Co          C
        Com             Com             C
        Comp            Comp                C
        Compu           Compu                   C
        Comput          Comput                      C
        Compute         Compute                         C
        Computer        Computer                            C
        Computer        Computer                            C
        Compute         Compute                         C
        Comput          Comput                      C
        Compu           Compu                   C
        Comp            Comp                C
        Com             Com             C
        Co              Co          C
        C               C       C
```

2. 使用 putchar 函数

除了使用 printf 函数进行输出, C 语言还支持另外一个字符输出函数——putchar 函数, 可直接输出字符变量的值。其用法如下所示。

```
char ch='R';
putchar(ch);
```

putchar 函数需要一个参数, 上面的语句等价于如下语句。

```
printf("%c",ch);
```

下面的代码段使用循环将数组中的字符依次输出到屏幕上。

```
char name[ ]="Geoffrey Hinton";
for(int i=0;i<15;i++){
      putchar(name[i]);
}
putchar('\n');
```

输出字符的另一个更方便的方法是使用 puts 函数, 该函数包含在头文件 stdio.h 中。该函数带有一个参数, 其调用形式如下。

```
puts(str);
```

其中, str 是一个含有字符串值的字符串变量, 上面的语句输出字符串变量 str 的值, 并将光标移至屏幕的下一行开始处。

下面的语句将直接在屏幕上输出字符数组 subject 的全部内容。

```
char subject[]="Computer Science";
puts(subject);
```

10.3.2 使用 scanf 和 getchar 函数

1. 使用 scanf 函数

字符串的读取可以使用 scanf 函数加上转换说明完成, 示例如下。

```
char location[9];
scanf("%s",location);
```

scanf 函数的问题是一旦遇到空白字符（包括空格符、制表符、回车符、样式缩进和换行符），就会终止输入。因此，如果在终端输入如下的文本行，则只有字符串"Cheng"被读入数组 location 中。

```
Cheng Du
```

scanf 函数自动终止字符串，因此字符串数组应足够大，以便能保存所输入的字符串再加上一个空白字符。注意，字符串读取与数值类型数据读取不一样，不需要在变量名前面加"&"，即不需要取变量的地址，因为字符数组名本质上就是数组的首地址。

数组 location 在内存中的创建过程如图 10-3 所示。

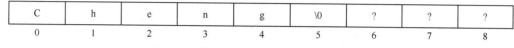

图 10-3　数组 location 在内存中的创建过程

未使用的空间用"垃圾"填充，如果要读取完整的字符串"Cheng Du"，则需要使用两个长度合适的字符数组，如下所示。

```
char s1[6],s2[3];
scanf("%s %s",s1,s2);
```

我们可以把字符串"Cheng"赋值给字符数组 s1，把字符串"Du"赋值给字符数组 s2。

例 10-3：编写一个程序，使用 scanf 函数从终端读取一系列字符。

下面的程序完成的功能是从键盘接收 4 个字，并把它们显示在屏幕上。注意，字符串"Jianshe Road"被看作两个字，而字符串"Jianshe-Road"被看作一个字。

```
/* road.c */
#include<stdio.h>
#include<stdlib.h>
void main(){
    char word1[40],word2[40],word3[40],word4[40];
    printf("Please input texts:\n");
    scanf("%s %s",word1,word2);
    scanf("%s",word3);
    scanf("%s",word4);
    printf("\n");
    printf("word1=%s\nword2=%s\n",word1,word2);
    printf("word3=%s\nword4=%s\n",word3,word4);
}
```

程序的运行结果如下。

```
Please input texts:
Jianshe Road
Cheng
Du
word1=Jianshe
word2=Road
word3=Cheng
word4=Du
--------------------------------------------------
```

```
Please input texts:
Jianshe-Road Cheng-Du
China
Earth
word1=Jianshe-Road
word2=Cheng-Du
word3=China
word4=Earth
```

当然，我们也可以在 scanf 语句中使用转换说明 %ws 指定字段的宽度，用于从输入字符串中读取指定数量的字符。示例如下。

```
scanf("%ws",name)
```

使用该方法主要分为两种情况：

（1）宽度"w"大于或等于所输入的字符数，整个字符串保存在字符串变量里；

（2）宽度"w"小于输入的字符数，多余的字符被截断、删除，不被读取。

请看下面的语句。

```
char location[9];
scanf("%6s",location);
```

当输入的字符串为"Cheng"后，location 在内存中的存储形式如图 10-4 所示。

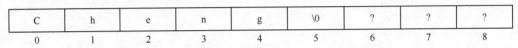

图 10-4　输入字符串"Cheng"后 location 在内存中的存储形式

当输入的字符串是"Chengdu"时，location 在内存中的存储形式如图 10-5 所示。

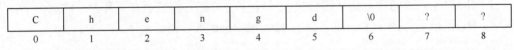

图 10-5　输入字符串"Chengdu"后 location 在内存中的存储形式

2．使用 getchar 函数

getchar 函数可以从终端读取单个字符，若想读取字符串，可以使用循环调用该函数，从输入中连续取单个字符，并将其放置在字符数组中，这样便可以读取整行的文本并将其存放在数组中，如果输入了换行符，则读取工作终止，并在字符串的末尾插入空白字符。getchar 函数的调用形式如下。

```
char ch;
ch=getchar();
```

⚙ 注意：getchar 函数不带参数。

例 10-4：编写一个程序，从终端读取含有一系列字的文本行。

以下程序使用 getchar 函数将文本行读入字符串 line 中，每次读取一个字符后，都将其赋给字符串 line，然后测试该字符是否为换行符，当读取了一个换行符时，读取工作结束，换行符被空格符代替，以表明字符串的结尾。

```
/* readline.c */
```

```
#include<stdio.h>
#include<stdlib.h>
#define STR_LEN 80
void main(){
    char line[STR_LEN+1],tmp;
    int i=0;
    printf("Please input text,press<Enter>key at end:\n");
    do{
        tmp=getchar();
        line[i]=tmp;
        i++;
    }while(tmp!='\n');
    i-=1;
    line[i]='\0';
    printf("%s\n",line);
}
```

程序的运行结果如下。

```
Please input text,press<Enter>key at end:
the matrix operation just like a graph
the matrix operation just like a graph
```

要读取含有空格符的字符串文本，有一个更加便捷的方法，即使用库函数 gets_s，该函数在头文件 stdio.h 中被定义，其声明如下。

```
char *gets_s(char *buffer, size_t sizeInCharacters);
```

Buffer 为输入字符串的存储位置，sizeInCharacters 为缓冲区的大小。获取字符串时，该方法会丢弃掉超出所定义缓冲区大小的字符（无论这些字符是否被需要）。

gets_s 函数的调用形式如下。

```
gets_s(str, strlen);
```

其中，str 是一个字符串变量。该函数从键盘读取字符串到 str 中，直至遇到一个换行符，此时，该函数会丢弃掉这个换行符，然后将一个空白字符添加到该字符串变量中。与 scanf 函数不同的是，它不会省略空格符。如果 str 的长度超过 strlen-1，则程序会崩溃。因此该函数具有较好的安全性，并且通常需要进行异常处理。使用该函数的一个示例如下。

```
#define len 6
//在该程序中，所输入的字符串的长度不能大于5
int main(){
    char str[len];
    gets_s(str, len);
    printf("%s",str);
}
```

✦ **注意**：由于 C 语言不进行数组的边界检查，因此输入的字符数不能大于字符串变量所能存储的字符数量，否则将产生问题。

C 语言中没有提供字符串的运算，因此不能将一个字符串赋值给另一个字符串，若想实现字符串的赋值功能，可以逐个字符进行复制。

🔍 **提示**：对于本节的内容，读者可以通过慕课视频 12.3 进行巩固。

例 10-5：编写一个程序，将一个字符串复制给另一个字符串，并计算所复制的字符串的长度。

程序如下，我们使用了一个循环把 string2 中的字符复制给 string1，当遇到空白字符时，终止循环，并且在 string1 的末尾添加一个空白字符。

```
/* duplicate.c */
#include<stdio.h>
#include<stdlib.h>
#define STR_LEN 80
void main(){
    char string1[STR_LEN+1],string2[STR_LEN+1];
    int i;
    printf("Please input the string:\n");
    scanf("%s",string2);
    for(i=0;string2[i]!='\0';i++){
        string1[i]=string2[i];
    }
    string1[i]='\0';
    printf("%s\n",string1);
    printf("the len of character is %d\n",i);
}
```

程序的运行结果如下。

```
Please input the string:
computer
computer
the len of character is 8
```

10.4 字符的算术运算

C 语言允许像数字一样对字符进行操作，当在表达式中使用某个字符常量或字符变量的时候，系统自动将它转换成整数值，该整数值取决于所在系统的字符集。

如果要以整数的形式显示字符，就需要按整数格式来编写程序。例如，计算机使用的是 ASCII 字符集，则下面的语句输出的不是 a，而是 97，因为格式化输出的形式为整数。

```
char str='a';
printf("%d\n",str);
```

由此，我们可以对字符常量和字符变量进行算术运算。示例如下。

```
str='z'-1;
```

上面的语句是合法的。在 ASCII 字符集中，字符'z'的值为 122，所以上面的语句所做的操作是把 121 赋给变量 str。我们还可以在关系表达式中使用字符常量，示例如下。

```
ch>='A'&& ch<='Z'
```

上述表达式判断的是字符 ch 的值是否为大写字母。我们可以使用如下的语句将字符数字转换成相应的整数。

```
char str='5';
int x=str-'0';
```

执行上面的语句，变量 x 输出的将是整数 5。

C 函数库中有一条语句可以将字符数字转换成相应的整数值，语法格式如下。

```
x=atoi(string);
```

其中，x 为整型变量，string 为含有数字字符串的字符数组。

下面是一个应用示例。

```
char num[5]="2019";
int x=atoi(num);
```

字符串转换函数包含在头文件 stdlib.h 中。

例 10-6：编写一个程序，以十进制数和字符的形式显示字母 a~z 和 A~Z。

```
/* alphabet.c */
#include<stdio.h>
#include<stdlib.h>
void main(){
    char c;
    for(c=65;c<=122;c++){
        if(c>90 && c<97)
            continue;
        printf("|%4d - %c ", c, c);
    }
    printf("\n");
}
```

程序的运行结果如下。

```
|  65-A |  66-B |  67-C |  68-D |  69-E |  70-F
|  71-G |  72-H |  73-I |  74-J |  75-K |  76-L
|  77-M |  78-N |  79-O |  80-P |  81-Q |  82-R
|  83-S |  84-T |  85-U |  86-V |  87-W |  88-X
|  89-Y |  90-Z |  97-a |  98-b |  99-c | 100-d
| 101-e | 102-f | 103-g | 104-h | 105-i | 106-j
| 107-k | 108-l | 109-m | 110-n | 111-o | 112-p
| 113-q | 114-r | 115-s | 116-t | 117-u | 118-v
| 119-w | 120-x | 121-y | 122-z
```

10.5 字符串处理函数

与其他程序设计语言不同的是，C 语言中的字符串本质上是字符数组，因此其无法像其他程序设计语言一样，使用运算符对字符串进行复制、比较、拼接等操作。

注意：直接复制和比较字符串会失败。下面举例说明。

```
char s1[100],s2[100];
```

利用 "=" 运算符把字符串复制到字符数组中是错误的，如下所示。

```
s1="abc";              /* 错误用法 */
s2=s1;                 /* 错误用法 */
```

由 10.2.3 小节可知，把数组名用作 "=" 的左操作数是非法的，但是，可以使用 "=" 初始化字符数组，如下面的语句是合法的。

```
char s1[100]="abc";
```

试图使用关系运算符或者判等运算符来比较两个字符串（从语法上来说）是可行的，但无法达到预期效果，如下所示。

```
if(str1==str2)          /* 错误用法 */
```

上面这条语句其实是比较指针 s1 和 s2 的值，而不是比较两个数组的内容。读者可以思考该表达式的值是多少。

所幸的是，C 语言的函数库为完成对字符串的操作提供了大量的函数，这些函数原型包含在 string.h 头文件中，因此需要进行字符串操作的程序应包含该头文件，如下所示。

```
# include<string.h>
```

string.h 中声明的每个函数至少需要一个字符串作为实际参数。字符串形式参数声明为 char 类型，因此实际参数可以是 char 类型的变量、字符数组或者字符串常量。

string.h 中有很多函数，这里主要介绍几种常用的字符串库函数，如表 10-1 所示。

表 10-1　常用的字符串库函数

函数	操作
strcpy	将一个字符串复制给另一个字符串
strlen	计算字符串的长度
strcat	拼接两个字符串
strcmp	比较两个字符串

下面将简要讨论这些函数如何用于字符串的处理。

10.5.1　strcpy 函数

strcpy 函数的存在弥补了不能使用赋值运算符复制字符串的不足，其用法如下。

```
strcpy(string1,string2);
```

strcpy 函数把 string2 的内容赋值给 string1。string2 可以是一个字符数组或者字符串常量，示例如下。

```
char city[10],city2[20];
strcpy(city,"Chengdu");
```

以上语句实现的就是把字符串"Chengdu"赋给字符串变量 city。同样，下面的语句把字符串变量 city 的内容赋给字符串变量 city2，其中 city2 应该足够大，以接受 city 的内容。

```
strcpy(city2,city);
```

讲完用法后，接下来说明 strcpy 函数的原理。strcpy 函数在 string.h 中的原型如下。

```
char *strcpy(char *s1,const char *s2);
```

strcpy 函数把 s2 指向的字符串复制到 s1 指向的字符串中，也就是说，strcpy 函数把 s2 指向的字符串中的字符复制到 s1 指向的字符串中，直到遇到 s2 指向的字符串中的第一个空白字符（该空白字符也需要复制）。strcpy 函数返回指向目标字符串的指针 s1。strcpy 不需要改变 s2 所指向的字符串，因此将其声明为 const 类型。

一般情况下，我们会忽略掉 strcpy 函数的返回值，但有时候如果在一个复杂表达式中包含 strcpy 函数的调用，则其返回值可能有用，例如可以把一系列 strcpy 函数连起来调用。

以上述例子为例。

```
strcpy(city2,strcpy(city,"Chengdu"));
```

经过上述操作后，city2 与 city 的值均为"Chengdu"。

⚠ **注意：** 在 strcpy 函数中，strcpy 函数无法检查 s2 指向的字符串的长度是否适合 s1 指向的数组。假设 s1 指向的字符串长度为 n，如果 s2 指向的字符串中的字符数不超过 $n-1$，那么复制操作可以完成。但是，如果 s2 指向更长的字符串，结果就无法预料了，因为 strcpy 函数会一直复制，直到遇到第一个空白字符，所以它会超过 s1 指向的数组边界继续复制。

strncpy 函数虽然速度慢一点，但它是一种更安全的复制字符串的方法。strncpy 函数类似于 strcpy 函数，不同的是，它有第 3 个参数可以用于限制所复制的字符数。为了将 str2 复制到 str1，可以使用如下的 strncpy 函数。

```
strncpy(str1,str2,sizeof(str1));
```

只要 str1 足够容纳 str2 中的字符串（包括空白字符），复制操作就能正确完成。不过，strncpy 函数本身也不是没有风险的，如果 str2 中存储的字符串的长度大于 str1 数组的长度，则调用 strncpy 函数后，str1 中的字符串就没有'\0'。因此，下面的惯用法更安全。

```
strncpy(str1,str2,sizeof(str1)-1);
str1[sizeof(str1)-1]='\0';
```

其中，第二条语句确保 str1 总是以空白字符结束。

10.5.2 strlen 函数

strlen 函数计算并返回字符串中的字符数，其语法格式如下。

```
int n=strlen(string);
```

其中，n 被定义为一个整型变量，用于接收 string 字符串的长度。
该函数的原型如下。

```
size_t strlen(const char *s);
```

定义在 C 函数库中的 size_t 类型是一个使用 typedef 定义的别名，表示 C 语言中的一种无符号整型数，除非要处理极长的字符串，否则不需要关心其具体细节，我们可以简单地把 strlen 函数的返回值作为整数处理。

strlen 函数的返回值是字符串 string 的长度，即 string 中第一个空白字符之前的字符个数，不包括空白字符。下面是几个例子。

```
int len;
len=strlen("duck");        /* slen 为 4 */
len=strlen("");            /* slen 为 0 */
char str1[20];
strcpy(str1,"cat");
len=strlen(str1);          /* slen 为 3 */
```

需要注意的是，最后一个例子说明了很重要的一点，即当用数组作为实际参数时，strlen 函数返回的是存储在数组中的字符串长度，而不是数组本身的长度。

10.5.3 strcat 函数

strcat 函数用于将两个字符串拼接在一起，其用法如下。

```
strcat(string1,string2);
```

实现的功能是将字符串 string2 的内容拼接到 string1 的后面。

该函数的原型如下。

```
char *strcat(char *s1,const char *s2);
```

strcat 函数把 s2 指向的字符串的内容追加到 s1 指向的字符串的末尾，并且返回指向结果字符串的指针 s1。请看下面的例子。

```
char str1[20],str2[20];
strcpy(str1,"abc");
strcat(str1,"def");        /* str1 包含 "abcdef" */
strcpy(str1,"abc");
strcpy(str2,"def");
strcat(str1,str2);         /* str1 包含 "abcdef" */
```

同 strcpy 函数类似，strcat 函数的返回值通常可忽略，但在某些情况下其返回值还是有用的，举例如下。

```
strcpy(str1,"abc");
strcpy(str2,"def");
strcat(str1,strcat(str2,"ghi"));   /* str1 包含 "abcdefghi" */
```

下面用图 10-6 和图 10-7 说明 strcat 函数。

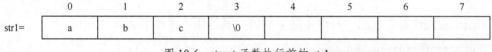

图 10-6　strcat 函数执行前的 str1

	0	1	2	3
str2=	d	e	f	\0

图 10-7　strcat 函数执行前的 str2

strcat(str1,str2)函数的执行结果如图 10-8 所示。

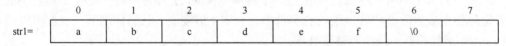

图 10-8　strcat 函数的执行结果

从图 10-8 中我们可以看出，在将字符串 str2 中的内容追加到 str1 中的时候，首先将 str1 中的字符串结尾标识符（空白字符）删去，然后进行拼接操作。

> ⓘ **注意**：如果 str1 数组没有足够大的空间容纳 str2 字符串中的字符，那么调用 strcat(str1,str2)函数的结果将是不可预测的。考虑下面的例子。
> ```
> char str1[6]="cat";
> strcat(str1,"pig");    /* 错误用法 */
> ```
> strcat 函数会试图把字符 p、i、g 和\0 添加到已存储的字符串的末尾，但 str1 只能容纳 6 个字符，这将导致数组越界。

同 strcpy 函数类似，strcat 函数也有相应的较安全版本，即 strncat 函数。它和 strcat 函数所实现的功能相同，但速度较慢。strncat 函数使用第 3 个参数来限制要复制的字符数，其惯用法如下所示。

```
strncat(strq,str2,sizeof(str1)-strlen(str1)-1);
```

strncat 函数会在遇到空白字符时终止操作并返回，而第 3 个参数没有将空白字符计算在内。在上面的用法中，第 3 个参数位置上的表达式的作用为：计算 str1 中的剩余空间，然后减去 1，进而确保为空白字符留下空间。

10.5.4　strcmp 函数

strcmp 函数对两个由参数标识的字符串进行比较，如果相等则值为 0，如果不相等，那么它将返回字符串中第一个不匹配的字符的数值差值，其调用形式如下。

```
strcmp(string1,string2);
```

string1 和 string2 是字符串变量或字符串常量，示例如下。

```
strcmp(name1,name2);
strcmp(name1,"John");
strcmp("John","Geoffery");
```

其中，strcmp 函数的原型如下。

```
int strcmp(const char *s1,const char *s2);
```

strcmp 函数比较 s1 指向的字符串和 s2 指向的字符串，然后根据 s1 指向的字符串是否小于、等于或者大于 s2 指向的字符串，返回一个小于、等于或大于 0 的值。例如，为了检查 str1 是否小于 str2，可以写成如下形式。

```
if(strcmp(str1,str2)<0)
```

利用关系运算符（<、<=、>、>=）或判等运算符（==、!=），可以判断 str1 与 str2 之间的关系。strcmp 函数利用字典顺序进行字符串的比较，具体来说，只要满足下列两个条件之一，那么 strcmp 函数就认为 str1 是小于 str2 的。

➢ str1 与 str2 的前 i 个字符一致，但是 str1 的第 $i+1$ 个字符小于 str2 的第 $i+1$ 个字符，例如，"abc"小于"bcd"，"xyy"小于"xyz"。

➢ str1 的所有字符与 str2 的所有字符一致，但是 str1 比 str2 短，如"abc"小于"abcd"。

当比较两个字符串中的字符时，strcmp 函数会查看字符对应的 ASCII 值。事实上，ASCII 字符集的编排是有一定的规律的。了解了这些规律，可以帮助我们预测 strcmp 函数的结果。下面是 ASCII 字符集的一些规律。

➢ A～Z、a～z、0～9 这几组字符的 ASCII 值都是连续的。

➢ 所有的大写字母的 ASCII 值都小于小写字母的 ASCII 值。在 ASCII 字符集中，65～90 的编码代表大写字母，97～122 的编码代表小写字母。

➢ 数字的 ASCII 值小于字母的 ASCII 值，48～57 的编码表示数字。

➢ 空格符的 ASCII 值小于所有输出字符的 ASCII 值，空格符的编码是 32。

🔍 提示：对于本节内容，慕课视频 12.4 进行了详细讲解。

例 10-7：编写一个程序，该程序会显示一个简单的日程表，列出一个月中每天需要做的重要事宜。程序的操作为：用户输入一系列的备忘信息（即备忘条目），每条备忘条目均以一个数字开头，该数字表示此条目属于本月的哪一天（即日期）；日期后输入一个空格，然后输入该天的备忘内容并按 Enter 键。一天可以有多条备忘条目，但应逐行列出，而不可将它们连为一行。当用户输入的日期值为 0 时，程序会结束输入环节，然后显示已输入的全部信息列表，并且按照日期排序。

程序的基本思路是利用一个二维数组存放所有备忘条目，每行存放一条。每次输入时，首先输入日期并将其转换为字符串，然后输入备忘内容；接下来利用日期字符串查找该条备忘条目在二维数组的位置；找到后，腾出该位置，并将日期字符串和备忘内容字符串拼接起来，放入该位置。这样就实现了有序存放。需要显示时，逐行打印二维数组中的各字符串即可。

```c
/* calendar.c */
#include <stdio.h>
#include <stdlib.h>
#include <string.h>
#define MAX_MEMO 60     /* 最大备忘条目数 */
#define MSG_LEN 80      /* 每条备忘条目的最大长度 */

int get_a_string(char str[], int n){
    int ch, i = 0;
    while((ch = getchar()) != '\n')
      if(i < n)
        str[i++] = ch;
    str[i] = '\0';
    return i;
}

int main(){
    char calendar[MAX_MEMO][MSG_LEN + 3];        /* 二维数组，每一行为一条备忘条目 */
    char day_part[3], msg_part[MSG_LEN + 1];     /* day_part 接收日期 */
                                                 /* msg_part 接收备忘内容 */

    int day, i, j, num_memo = 0;
    for(; ;){
        if(num_memo == MAX_MEMO){
            printf(" no space left ! \n");
            break;
        }
        printf("input day and memo : ");
        scanf("%2d", &day);
        if(day == 0)
            break;
        sprintf(day_part, "%2d", day);
        get_a_string(msg_part, MSG_LEN);
        for(i = 0; i < num_memo; i ++)
            if(strcmp(day_part, calendar[i]) < 0)
                break;
        for(j = num_memo; j > i; j --)
            strcpy(calendar[j], calendar[j - 1]);
        strcpy(calendar[i], day_part);
        strcat(calendar[i], msg_part);
        num_memo ++;
    }
```

```
        printf("\n Day Memo \n");
        for(i = 0; i < num_memo; i ++)
            printf(" %s \n", calendar[i]);
        return 0;
}
```

程序的运行结果如下。

```
Input day and memo: 28 Jie's birthday
Input day and memo: 12 have dinner with Tim
Input day and memo: 17 movie
Input day and memo: 3 play table tennis
Input Day and memo: 23 take exams
Input Day and memo: 0

Day Memo
3 play table tennis
12 have dinner with Tim
17 movie
23 take exams
28 Jie's birthday
```

10.6 字符串的惯用法

　　C 语言的字符串库函数代码中提供了大量字符串惯用法的典范。本节将会讲述几种惯用法，并利用其编写 strlen 函数和 strcat 函数。当然，我们可能永远都不需要编写这两个函数，因为标准库函数中均有。但重要的是，我们可以学习惯用法的思想方法，因为在 C 语言程序编写中，很多地方都能用到这些惯用法。

　　⚠ 注意：若想实现自己的 strlen 函数和 strcat 函数，切记要修改函数名字，如 my_strlen，函数命名不可以和库函数同名，即使不包含该函数所属的头文件也不行。事实上，所有以 str 和一个小写字母开头的名字都是库函数保留的。

10.6.1 搜索字符串末尾

　　搜索字符串末尾是字符串处理中最基本的操作之一，strlen 函数就是一个典型的例子。该函数的基本思想是逐个访问字符串中的字符，并判断是否到达字符串末尾，在这个过程中计数器会不断累加。下面的 strlen 函数代码用于搜索字符串 s 的末尾，它使用一个变量来"跟踪"字符串的长度。

```
size_t strlen(const char *s){
    int n;
    for(n=0;*s!='\0';n++)
        s++;
    return n;
}
```

　　指针 s 从左至右扫描整个字符串，变量 n 的初始值为 0，它会不断累加，以记录当前已经扫描的字符数量，当 s 最终指向一个空白字符时，n 的值就是字符串的长度。

　　容易看出，strlen 函数的代码是可以被简化的。首先，把 n 的初始化移到函数的声明中。

```
size_t strlen(const char *s){
    int n=0;
    for(;*s!='\0';s++)
        n++;
     return n;
}
```

因为空白字符的 ASCII 值为 0，所以关系表达式*s!='\0'与*s!=0 是等同的，而测试*s!=0 与测试*s 又是一样的，即两者都在*s 不为 0 时结果为真，因此可以给出 strlen 函数的又一个版本，如下所示。

```
size_t strlen(const char *s){
    int n=0;
    for(;*s;s++)
        n++;
    return n;
}
```

另外，可以在同一个表达式中对 s 进行自增操作且测试*s。

```
size_t strlen(const char *s){
    size_t n=0;
    for(;*s++;)
        n++;
    return n;
}
```

接下来，用 while 语句替换 for 语句，可以得到如下的版本。

```
size_t strlen(const char *s){
    size_t n=0;
    while(*s++)
        n++;
    return n;
}
```

至此，我们已经对 strlen 函数进行了很大程度的精简，接下来考虑是否能加快它的运行速度。考虑到两个指针相减所得为两者间的元素个数，因此无须在 while 循环中对 n 进行累加，只需要在找到空白字符地址后，减去字符串起始地址即可得到结果，代码如下。

```
size_t strlen(const char *s){
    char *p=s;
    while(*s)
        s++;
    return s-p;
}
```

10.6.2　字符串的复制

复制字符串是字符串处理中的另一种基本操作。本小节以 strcat 函数的代码为例来介绍复制字符串的典型惯用法。首先给出 strcat 函数最直接的写法，如下所示。

```
char *strcat(char *s1,const char *s2){
    char *p=s1;
    while(*p!='\0')
```

```
        p++;
    while(*s2!='\0'){
        *p=*s2;
        p++;
        s2++;
    }
    *p='\0';
    return s1;
}
```

strcat 函数的这种写法采用了两步算法：①确定 s1 指向的字符串的末尾空白字符的位置，并且使指针 p 指向它；②把 s2 指向的字符串中的字符逐个复制到 p 所指向的位置。

函数中的第一个 while 语句实现了第①步。程序先把 p 设定为指向 s1 的第一个字符，假设 s1 指向字符串"abc"，如图 10-9 所示。

接着 p 开始自增，直到指向空白字符位置。循环终止时，p 指向空白字符，如图 10-10 所示。

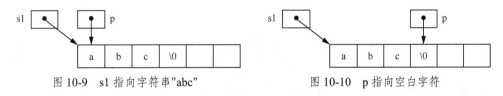

图 10-9　s1 指向字符串"abc"　　　　　图 10-10　p 指向空白字符

第二个 while 语句实现了第②步。循环体把 s2 指向的第一个字符复制到 p 指向的地方，接着 p 和 s2 都进行自增，如果 s2 最初指向字符串"de"，则第一次循环之后各字符串如图 10-11 所示。

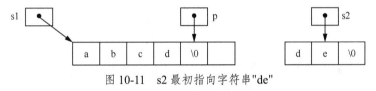

图 10-11　s2 最初指向字符串"de"

当 s2 指向空白字符时，循环终止，如图 10-12 所示。

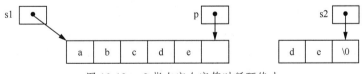

图 10-12　s2 指向空白字符时循环终止

接下来，程序在 p 指向的位置放置空白字符，然后 strcat 函数返回 s1 指针。

类似于对 strlen 函数的处理，我们也可以简化 strcat 函数的定义，得到下面的版本。

```
char *strcat(char *s1,const char *s2){
    char *p=s1;
    while(*p)
        p++;
    while(*p++=*s2++)
        ;
    return s1;
}
```

上述代码中，为何没有单独用一条语句在新字符串的末尾添加空白字符？这是因为判断条件是赋值表达式，所以 while 语句会先赋值再测试，也就是测试复制的字符。除空白字符以外的所有字符的测试结果都为真，当复制了空白字符后，测试为假，于是终止。由于循环是在赋值之后终止的，因此不需要再复制空白字符。

提示：对于本节内容，读者可以通过慕课视频 12.6 进行扩展学习。

10.7 字符串数组

思考以下问题：如何存储某班学生的姓名列表、公司职员的姓名列表、地名列表等？这些是在使用字符串时经常遇到的问题，解决这些问题的最佳答案是使用字符串数组。那存储字符串数组的最佳方式又是什么？很明显，答案是创建二维的字符数组，然后按照每行一个字符串的方式把字符串存储到数组中。考虑下面的例子。

```
char city[][11]={"Beijing","Shanghai","Suzhou","Xian","Chengdu"};
```

要访问列表中的第 i 个城市名，可以使用 city[i−1]。这表示一旦数组声明为二维的，就可以在后面的操作中像一维数组一样使用它，也就是说，字符串数组可以看作字符串组成的列。注意，虽然允许省略 city 数组的行数，但是 C 语言要求指明列数。

图 10-13 给出了 city 数组的可能形式，并非所有的字符串都足以填满数组的一整行，所以 C 语言用空白字符来填补，因为只有 1 个城市的名字需要用 9 个字符（包括末尾结束符），所以这样的数组浪费空间，尤其是当数组里的字符串长度相差很大的时候。

	0	1	2	3	4	5	6	7	8
0	B	e	i	j	i	n	g	\0	\0
1	S	h	a	n	g	h	a	i	\0
2	S	u	z	h	o	u	\0	\0	\0
3	X	i	a	n	\0	\0	\0	\0	\0
4	C	h	e	n	g	d	u	\0	\0

图 10-13　city 数组的可能形式

因为大部分字符串数组都是长字符串和短字符串的组合，所以这些例子所暴露的低效性是在处理字符串时经常遇到的问题，我们需要的是参差不齐的数组，即每一行有不同长度的二维数组。C 语言本身不提供这种参差不齐的数组类型，但它提供了模拟这种数组类型的工具——指针数组，建立一个一维数组，该数组里的每个元素都是指向字符串的指针。

下面是 city 数组的另外一种写法，这次把它看成指向字符串的指针的数组。

```
char *city[]={"Beijing","Shanghai","Suzhou","Xian","Chengdu"};
```

看上去改动不大，只去掉了一对括号，并且在 city 前面加了一个*，但此时 city 的存储方式变化很大，如图 10-14 所示。

city 中的每一个元素都是指向字符串开头的字符串指针，虽然必须为 city 数组中的指针分配空间，但是字符串中不再有任何被浪费的字符。

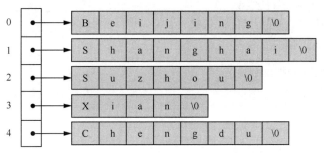

图 10-14　city 数组的存储方式的变化

要访问其中一个城市的名字，只需要对 city 数组取下标，由于指针和数组之间的紧密联系，访问城市名字中的字符方式和访问二维数组中的元素方式相同。例如，为了在 city 数组中搜寻以字母 X 开头的字符串，我们可以使用下面的语句。

```
for(int i=0;i<5;i++){
  if(city[i][0]=='X')
    printf("%s begins with X\n",city[i]);
}
```

提示：对于更多关于字符串数组的内容，读者可以通过慕课视频 12.7 进行补充学习。

习题 10

1. 判断下面语句的对错。

（1）gets 函数自动在从键盘读取的字符串末尾添加空白字符。

（2）当用 scanf 函数读取字符串时，可插入空白字符。

（3）不能对字符变量执行算术运算。

（4）不能将字符常量或字符变量赋值给 int 型的变量。

（5）无论如何，不能将 scanf 函数用于读取含有空白符号的文本行。

（6）ASCII 字符集由 128 个不同的字符组成。

（7）在 ASCII 排序序列中，大写字母位于小写字母之前。

（8）在 C 语言的算术运算中，把字符与数字混合使用是非法的。

2. 假设 p 的声明如下。

```
char *p="abc";
```

下面哪些函数的调用是合法的？请说明每个合法调用的函数的输出，并解释其他函数的调用为什么是非法的。

（1）putchar(p)　　　　　　（2）puts(p)

（3）putchar(*p)　　　　　　（4）puts(*p)

3. 假设按如下方式调用 scanf 函数。

```
scanf("%d%s%d",&i,a,&j);
```

如果用户输入"12abc34　　56def 78"，那么调用后 i、a 和 j 的值分别是多少？（假设 i 和 j 是整型变量，a 是字符数组。）

4. 描述一下使用 getchar 和 scanf 函数读取字符串时的局限性。

5. 在执行下列语句后，字符串 str 的值是什么？

```
strcpy(str,"tire-bouchon");
strcpy(&str[4],"d-or-wi");
strcat(str,"red?");
```

6. 下面语句的输出是什么？

```
printf("%d",strcmp("push","pull"));
```

7. 假设 s1、s2 和 s3 的声明如下。

```
char s1[10]="he",s2[20]="she",s3[20],s4[30];
```

依次运行下面语句后的输出是什么？

```
printf("%s",strcpy(s3,s1));
pritnf("%s",strcat(strcat(strcpy(s4,s1),"or"),s2));
printf("%d %d",strlen(s2)+strlen(s3),strlen(s4));
```

8. 找出下面代码中的错误（如果有错误）。

（1）代码 1：

```
char str[10]
strncpy(str,"God",3);
```

（2）代码 2：

```
char str[10];
strcpy(str,"Beijing-Chengdu");
```

（3）代码 3：

```
if(strstr("Beijing","iji")= =0)
printf("substring is found");
```

（4）代码 4：

```
char s1[5],s3[10],
gets(s1,s2);
```

9. 编写下面的函数。

```
void extract_hosturl(char *url);
```

url 指向一个包含以文件名结尾的 URL 的字符串，例如"http://www.***.com/search.jsp"。函数通过移除文件名及其前面的斜杠来修改字符串，进而得到网站主机的 URL。修改后的字符串为"http://www.***.com"。请使用搜索字符串末尾的惯用法来编写代码。

10. 编写代码，找出一组单词中的"最小"者和"最大"者。基本思路：用户不断输入单词，程序用 strcmp 函数来判断"最小"者和"最大"者，并始终记录已输入单词中的"最小"者和"最大"者。当输入的单词为"ggg"时，程序停止输入，并打印"最小"者和"最大"者。假设所有单词的长度均不超过 25 个字母，程序的运行结果示例如下。

```
Enter word: happy
```

```
Enter word: crack
Enter word: rob
Enter word: beautiful
Enter word: arch
Enter word: cat
Enter word: ggg
smallest one: arch
largest one: rob
```

11. 编写一个程序，实现下面的功能。

（1）输出问句"Who is the inventor of C ?"。

（2）接收一个答案。

（3）如果答案正确，则显示"Good"并停止运行。

（4）如果答案不正确，则输出消息"try again"。

（5）如果第 3 次尝试后答案仍不正确，则显示正确答案并停止运行。

第 11 章

结构、联合和枚举

C 语言有两大数据类型。

标量（scalar）类型：只含有单个数据项的类型。

聚合（aggregate）类型：含有多个数据项的类型。

聚合类型除了数组，还有结构、联合和枚举等类型。结构是一种可以由若干个不同数据类型的值（成员）构成的构造数据类型，其成员可以是基本数据类型，也可以是构造数据类型（可以嵌套数组和结构），并且结构的成员各自拥有独立的存储空间。联合和结构很类似，不同之处在于联合允许在相同的内存位置存储不同的数据类型。枚举是一种整型，它的值由程序员来决定。

11.1 结构

到目前为止，我们已经学习过数组这种数据结构。数组有两个重要的特性。首先，数组只能存储相同类型的元素；其次，可以使用数组下标来选择数组中的某一个元素。

与数组的特性不同，结构的成员可能具有不同的类型。因为成员的类型不同，所以成员的长度也不相同，从而不能通过下标来表示成员。每个结构成员都有名字，为了选择特定的结构成员，需要指明结构成员的名字而不是它的位置。

11.1.1 声明结构变量

为了描述一个事物的不同属性，需要用到不同类型的数据，这些数据彼此相关，形成整体。当需要存储相关数据项的集合时，结构是一种合乎逻辑的选择。因为结构是一个或多个变量的集合，这些变量可以有不同的类型，人们为了方便处理而将这些变量组织在一个名字之下。例如，假设需要统计某个班学生的个人信息。每个学生的个人信息可能包括学号（整数）、姓名（字符串）、年龄（整数）。每个学生都需要 3 个变量，如果学生的人数很多，那所需要的变量就非常多了。使用数组也不能解决问题，因为数组只能表示相同类型的数据。为了解决这样的问题，就要用到结构这种构造类型，我们可以将每个学生的各项信息以不同类型的数据存放到一个结构中，如用字符类型表示姓名，用整型或字符类型表示学号，用整型表示年龄。我们可以使用类似下面的声明。

```
struct{
    int number;
    char name[NAME_LEN+1];
    int age;
```

```
}student1,student2;
```

其中，每个成员的形式为"成员类型+成员名"，并以分号结束。这是一种直接声明结构变量的方式，在 11.2 节中，我们会介绍另外的声明结构变量的方式。

结构变量 student1 和 student2 都有 3 个成员：number（学号）、name（姓名）、age（年龄）。请注意这里的声明格式：struct{…}指明了类型（但是目前这个类型是没有名字的），而 student1 和 student2 是具有这种结构类型的变量。

前文提到，结构的成员各自独立地拥有存储空间，而且结构的成员在内存中是按照声明的顺序存储的。为了说明 student1 在内存中存储的形式，现在假设：①student1 存储在地址为 2000 的内存单元中；②每个整数在内存中占 4 个字节；③NAME_LEN 的值为 10；④成员之间没有间隙。根据这些假设，student1 的内存表示如图 11-1 所示。

一个结构代表一个新的作用域，即每个结构都为它的成员设置了独立的名字空间。任何声明在结构中的名字都不会和程序中的其他名字冲突。例如，下列声明可以出现在同一程序中。

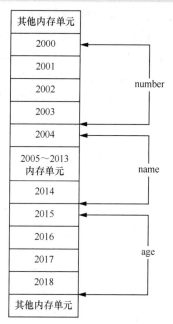

图 11-1　student1 的内存表示

```
struct{
    int number;              /* 学生学号 */
    char name[NAME_LEN+1];   /* 学生姓名 */
    int age;                 /* 学生年龄 */
}student1;

struct{
    int id;                  /* 教师工号 */
    char name[NAME_LEN+1];   /* 教师姓名 */
    int age;                 /* 教师年龄 */
}teacher1;

int age;                     /* 普通变量 */
```

结构 student1 中的成员 name 和成员 age 不会和结构 teacher1 中的成员 name 和成员 age 冲突，而且结构 student1 和结构 teacher1 中的成员 age 也不会与程序中的普通变量 age 冲突。

11.1.2　初始化结构变量

和数组一样，结构变量也可以在声明的同时进行初始化。初始化时，将初始化的值的列表用花括号括起来并赋值给没有初始化的结构变量，并且这些值应根据成员列表的顺序给出。

```
struct{
    int number;
    char name[NAME_LEN+1];
    int age;
}student1={1,"Bob",18};
```

在此例中,结构 student1 的成员 number 的值初始化为 1,成员 name 的值初始化为"Bob",成员 age 的值初始化为 18。

结构初始化式遵循的原则类似于数组初始化式遵循的原则。用于结构初始化式的表达式必须是常量而不是变量,并且初始化式中的成员数可以少于初始化的结构中的成员数,任何没有在初始化式中的成员都用 0 作为它的初始值。

结构的初始化也可以使用指定初始化式,通过对结构中的指定成员进行直接赋值的方式来初始化结构变量。通过指定初始化式对结构变量 student1 进行初始化可以写成如下形式。

```
struct{
    int number;
    char name[NAME_LEN+1];
    int age;
}student1={.number=1,.name="Bob",.age=18};
```

其中,指定结构中的某个成员是通过指示符实现的,指示符由句点和成员名称组成。

指定初始化式的优点之一在于方便阅读且容易验证,通过代码可以清楚地看出结构中的成员和初始化式中的值之间的对应关系;此外,初始化式中的值的顺序不需要与结构中的成员的顺序保持一致,因此程序员不必记住原始声明时的成员的顺序,这方便了代码的编写。即使在后续编写代码的过程中更改了结构中成员的顺序,也不会影响指定初始化式。

指定初始化式中列出的值的前面不一定要有指示符,举例如下。

```
{.number=1,"Bob",.age=18}
```

值"Bob"的前面并没有指示符,所以编译器会认为它用于初始化结构中位于 number 之后的成员。初始化的成员数可以比结构的成员数少,任何被剩下的成员的初始值都为 0。

🔍 提示:对于 11.1.1 小节与 11.1.2 小节的内容,慕课视频 15.1 做了详细的说明,欢迎读者观看慕课视频进行巩固。

11.1.3　对结构的操作

对结构的操作主要有选择成员和对成员赋值。本小节着重介绍这两种操作。

数组可根据下标来选择元素,具体而言,首先用"[ ]"符号表示元素的下标,然后通过下标获取对应位置上的元素值。结构则是根据成员名来选择内容的,具体而言,首先通过"."运算符实现对结构内成员的访问,然后获取该成员的值,格式为:结构变量名.成员名。例如,若要获取 student1 的名字,则可以用如下语句获取该成员的值并将其显示出来。

```
printf("student name:%s\n",student1.name);
```

结构的成员是左值,所以它们既可以出现在赋值运算符的左侧,也可以作为自增或自减表达式的操作数。示例如下。

```
student1.number=2;      /* 通过赋值运算改变结构 student1 中成员 number 的值 */
student1.age++;         /* 通过自增增加结构 student1 中成员 age 的值 */
```

"."运算符的优先级与后缀"++"和后缀"--"运算符的优先级一样,具体请参照 4.7 节中的表 4.6。考虑下面的例子。

```
scanf("%d",&student1.age);
```

表达式&student1.age 中包含"&"和"."两个运算符。"."运算符的优先级高于"&"运算符的优先级，所以这个表达式中，"&"计算的是 student1.age 的地址。

对结构成员的赋值除了可以通过初始化以及上面提到的利用"."运算符实现以外，还可以直接运用赋值运算把一个结构的所有成员的值赋给与之兼容的结构，示例如下。

```
student2=student1;
```

这一语句的效果是把 student1.number 的值赋给 student2.number，把 student1.name 的值赋给 student2.name，以此类推。

结构中嵌套的数组成员也能通过结构的赋值运算实现数组的复制，而数组本身是不能够使用"="进行直接赋值的。

```
struct{
    int array[10];
}a1,b1={{1,2,3,4,5}};
a1=b1;
```

结构 a1 的成员 array 数组没有进行初始化，结构 b1 的成员 array 数组已经被初始化。使用赋值运算会实现将 b1 结构中的成员 array 数组的值赋给结构 a1 的成员 array 数组。

上面也提到了，运算符"="仅仅用于类型兼容的结构。两个同时声明的结构变量（比如上面的 a1 和 b1）是兼容的，在 11.2 节中我们将会介绍，使用同样的"结构标记"和同样的类型名声明的结构变量也是兼容的。

需要注意的是，可以使用赋值运算符操作整个结构，但不能使用运算符"=="和"!="来判断两个结构是否相等。

提示：读者可以通过慕课视频 15.2 扩展学习本小节的内容。

11.2 结构类型

在 11.1 节中已经说明了一种直接声明结构变量的方法。假设程序需要声明几个具有相同成员的结构变量，这时可以使用直接声明结构变量的方式一次性声明所有的变量。例如，使用以下语句声明结构变量 student1 和 student2。

```
struct{
    int number;
    char name[NAME_LEN+1]
    int age;
}student1,student2;
```

但是，如果不能一次性声明所有的变量，而是需要在程序的不同位置声明变量，比如在程序的某处声明 student1 结构变量，如下所示。

```
struct{
    int number;
    char name[NAME_LEN+1]
    int age;
}student1;
```

并且在另一处声明 student2 结构变量，如下所示。

```
struct{
    int number;
    char name[NAME_LEN+1]
    int age;
}student2;
```

可以发现，因为两个结构的成员都是一样的，所以两个结构变量的声明中存在大量重复的代码。重复的代码会使程序无意义地变长。同时，对这类结构的修改需要在代码段中所有声明了这类结构的地方都进行相应的修改。在程序很大的情况下，这样的修改不仅会花费大量的时间，而且会导致代码错误率提高。

更大的问题在于，根据 C 语言的规则，这样声明的结构变量 student1 和 student2 不具有兼容的类型，因此不能把 student1 赋给 student2。而且，因为 student1 和 student2 的类型没有名字，所以也就不能把这类结构用作函数调用的参数或者函数的返回值。

为了解决这些问题，需要定义表示结构类型（而不是结构变量）的名字。C 语言还提供了两种命名结构的方法：一种是声明结构标记；另一种是使用 typedef 关键字来定义结构类型名。

11.2.1　声明结构标记

结构标记是用于标识某种特定结构的名字。关键字 struct 加上定义的结构标记就可以表示一种结构类型。下面的例子声明了名为 Student 的结构类型。

```
struct Student{
    int number;
    char name[NAME_LEN+1]
    int age;
};
```

注意，右花括号后的分号是必不可少的，它表示声明结束。一旦创建了结构标记 Student，就可以用它结合关键字 struct 来声明结构变量了，如下所示。

```
struct Student student1,student2;
```

在这个声明语句中，struct 作为关键字是必不可少的。Student 作为结构标记不能独立地作为一种结构，如果没有 struct，它就没有任何意义。因为结构标记只有在前面放置了 struct 才会有意义，所以它不会和程序用到的其他名字发生冲突。程序中拥有名为 Student 的普通变量是完全合法的。

结构标记的声明可以和结构变量的声明合在一起，如下所示。

```
struct Student{
    int number;
    char name[NAME_LEN+1]
    int age;
}studen1,student2;
```

在这里不仅声明了结构标记 Student，而且声明了结构变量 student1 和 student2。同时，在后续的程序中，可以使用 struct Student 这个结构类型生成其他的结构变量。所有声明为 struct Student 类型的结构彼此之间都是兼容的，这意味着它们之间可以进行赋值运算，如下所示。

```
struct Student student1={1,"Bob",18};
struct Student student2;
student2=student1;      /* 这样的赋值是合法的，因为 student1 和 student2 是兼容的 */
```

11.2.2 定义结构类型

除了声明结构标记，还可以用 typedef 关键字来定义结构类型。在 11.1 节中的直接声明结构变量方式中，我们已经知道，struct{…}是一种结构类型，只是这种结构类型没有名字。使用 typedef 关键字可以为这种结构类型命名。例如，我们可以按照如下的方式定义名为 Student 的类型。

```
typedef struct{
    int number;
    char name[NAME_LEN+1];
    int age;
}Student;
```

注意，类型 Student 的名字必须出现在定义的末尾，而不是在 struct 的后边。

我们可以像使用内置类型那样使用 Student。例如，可以使用它声明结构变量。

```
Student student1,student2;
```

因为类型 Student 是使用 typedef 关键字定义的名字，所以 Student 必须独立地使用，而不允许在其前面加上关键字 struct。无论在哪里定义，所有的 Student 类型的结构变量都是兼容的。

需要注意，定义结构类型的这两种方法一般情况下均可使用，但当结构用于链表时，必须使用声明结构标记。这是因为链表中定义结构类型时，在结构内有一个指向相同结构类型的指针成员，这个指针成员用来指向下一个结点，在这种情况下无法使用 typedef 关键字。

11.2.3 在函数中使用结构

结构类型的变量可以作为函数的参数和返回值。下面来看两个例子。

在如下所示第一个例子中，函数 print_student 将结构类型的变量作为参数。该函数的作用是显示出 struct Student 结构类型变量的成员值。

```
void print_student(struct Student st){
    printf("student number:%d\n",st.number);
    printf("student name:%s\n",st.name);
    printf("student age:%d\n",st.age);
}
```

如下所示，可以对所有的 struct Student 结构类型变量调用函数 print_student 查看其成员值。

```
print_student(student1);
```

在如下所示第二个例子中，函数 build_student 将 struct Student 结构类型的变量作为返回值。该函数的作用是创造一个新的结构类型变量并将其初始化，该函数的参数是结构类型变量初始化的成员值。

```
struct Student build_student(int number,const char* name,int age){
    struct Student st;
    st.number=number;
    strcpy(st.name,name);
    st.age=age;
    return st;
}
```

注意，build_student 函数的形式参数名和结构 student 的成员名相同是合法的，因为结构拥有自己的名字空间。下面调用该函数来创造并初始化一个新的 struct Student 结构类型变量 student1。

```
student1=build_student(1,"Bob",18);
```

需要注意的是，结构作为函数参数，和普通变量一样，都是通过值来传递。因此给函数传递结构时，要复制结构中的所有成员，从函数中返回结构亦是如此。这样就加大了程序的开销，特别是当结构很大的时候。为了提高效率，用指向结构的指针来进行函数的相关操作，则是更为常见的做法。

定义指向结构的指针与定义指向其他类型变量的指针相似，下面的语句定义了一个指向 struct Student 结构类型的指针。

```
struct Student *struct_pointer;
```

上述定义的指针变量中可以存储结构变量的地址。为了查找结构变量的地址，要把"&"运算符放在结构名称的前面，如下所示。

```
struct_pointer=&student1;
```

使用"->"运算符可访问结构中的成员，如下所示。

```
struct_pointer->number;
```

下面使用指向结构的指针代替结构本身来改写上述的两个函数。

```
void print_student(struct Student *st){
    printf("student number:%d\n",st->number);
    printf("student name:%s\n",st->name);
    printf("student age:%d\n",st->age);
}
struct Student* build_student(int number, const char* name, int age){
    struct Student *st;
    st=(struct Student *)malloc(sizeof(struct Student));
    st->number=number;
    strcpy(st->name, name);
    st->age=age;
    return st;
}
```

11.2.4　复合字面量

复合字面量可以用于实时创建一个结构，而不需要先将其存储在变量中。复合字面量包括圆括号里的类型名和后续花括号里的一组值。类型名可以是结构标记前面加上 struct 或者 typedef。生成的结构可以像参数一样传递，可以被函数返回，也可以赋值给变量。接下来看两个例子。

使用复合字面量创建一个结构，这个结构将被传递给函数。例如，可以按如下方式调用 print_student 函数。

```
print_student((struct Student){1,"Bob",18});
```

上面的复合字面量创建了一个 Student 结构，这个结构之后被传递到 print_student 函数进行显示。下面这个语句把复合字面量赋值给变量。

```
struct Student student1=(struct Student){1,"Bob",18};
```

11.3 数组和结构的嵌套

结构和数组可以相互进行组合。数组可以将结构作为其元素，结构也可以将数组和结构作为其成员。前面的 Student 结构中拥有成员 name 就是数组嵌套在结构中的实例。下面再来看看成员是结构的结构和元素是结构的数组。

> 🔍 提示：读者可以通过观看慕课视频 15.3 进行扩展学习。

11.3.1 结构的嵌套

把一种结构嵌套在另一种结构中通常非常有用。假设需要在学生信息的结构中增加学生的出生年、月、日的信息，常规的做法是，为结构增加 3 个成员，分别表示出生年、月、日，如下所示。

```
struct Student{
    int number;
    char name[10];
    int age;
    int year;
    int month;
    int day;
}student1,student2;
```

使用这种方法会存在一些问题，例如，如果打算编写函数来显示学生的生日，需要传递 3 个实际参数，在参数很多的情况下，这种方法会非常麻烦。

更好的方法是将学生的出生年、月、日信息作为一个新的结构，如下所示。

```
struct student_birth{
    int year;
    int month;
    int day;
};
```

把这个结构作为学生信息结构中的一个成员，如下所示。

```
struct Student{
    int number;
    char name[10];
    int age;
    struct student_birth birthday;
}student1,student2;
```

这种方法将 birthday 结构变量作为数据单元来处理，传递和赋值都以 1 个结构变量代替 3 个普通变量的方式实现，因此更加高效。

> ⚠️ 注意：访问嵌套在结构中的结构的成员时需要 2 次应用"."运算符。例如，为 student1 中的 birthday 结构中的 year 成员赋值可以用下面的语句实现。
> ```
> student1.birthday.year=1996;
> ```

11.3.2 结构数组

元素是结构的数组被称为结构数组。逐个定义同类型的结构变量往往是复杂的，尤其当变量数目很大且需要统一管理时，往往需要重复定义很多不同的变量。结构数组可以避免这一点。它将拥有相同数据结构的群体放在一起来表示，并且只需要定义一个变量。这类数组还可以用作简单的数据库。例如，下面 Student 结构的数组能够存储 100 个学生的信息，每一个学生的信息存储在一个数组单元中。

```
struct Student students[100];
```

对结构数组元素的操作与对数组元素的相同，即通过取下标来访问某个元素。访问并显示位置 i 对应的学生信息可以用下面的语句。

```
print_student(students[i]);
```

访问结构数组内某个元素的成员时，要求结合取下标和成员选择操作。为了给 students[i] 中的成员 number 赋值 10，可以使用如下语句。

```
students[i].number=10;
```

初始化的结构数组可以作为程序执行期间固定信息的数据库。初始化结构数组与初始化多维数组相似，用花括号嵌套的形式来表示。内围的花括号包含某个结构数组元素的成员值，外围的花括号将所有内围花括号括在一起，表示这个数组。注意，这种初始化方法要求数组内的元素、元素内的成员都要按顺序初始化。

```
const struct Student students[]={{1,"Bob",18},{2,"Alice",18}{3,"Scott",18},{4,"Jack", 19}};
```

定义一个结构数组并初始化的方法如下所示。

```
struct Student students[4]={
    [0]={.number=1,.name="Bob",.age=18},
    [1]={.number=2,.name="Alice",.age=18},
    [2]={.number=3,.name="Scott",.age=18},
    [3]={.number=4,.name="Jack",.age=19}
};
```

这种初始化方法的灵活度更高。可以看到，前述花括号嵌套的初始化方法是对这种初始化方法的简化。

C99 的指定初始化式允许每一项具有多个指示符。第一个指示符通过 "[i]" 来指定是结构数组中的第 i 个元素，第二个指示符通过 "." 运算符来指定结构中的成员。通过这两个指示符可以定位到某个具体位置的成员。假定我们想初始化 students 数组，使其只包含一个学生的信息，学生学号是 4，名字为 Jack，年龄为 19。我们可以使用下面的语句来实现。

```
struct Student students[100]={[0].number=4,[0].name="Jack",[0].age=19};
```

列表中的每项使用了两个指示符，"[ ]" 指示符用于选择指定的数组元素，"." 指示符用于选择该指定元素（结构）中的成员。

11.4 联合

联合也是由一个或多个成员构成的，而且这些成员可能具有不同的类型。联合允许在相同的内存位置存储不同数据类型的成员。内存空间的大小由占用内存空间最大的成员决定。联合的成员在这个空间内彼此覆盖，给一个成员赋予新值也会改变其他成员的值，所以任何时候只能有一个成员带有值。

为了说明联合的基本性质，现在声明一个联合变量 data，且这个联合变量有 3 个成员。

```
union{
    int i;
    float f;
    char str[10];
}data;
```

现在，data 可以存储一个整型数 i、一个浮点型数 f 或者一个字符串 str。

联合变量的声明与结构变量的声明非常类似。与结构不同的是：结构的成员存储在不同的内存空间中，而联合的成员存储在同一内存空间中。图 11-2 是 data 变量在内存中的存储情况（假设 int 型的值占用 4 个字节、float 型的值占用 4 个字节、char 型的值占用 1 个字节，data 变量存储在地址为 2000 的存储单元中，且成员之间没有间隙）。

在联合变量 data 中，成员 i、f 和 str 具有相同的首地址。整个 data 联合变量只占用 10 个字节的空间。

访问联合成员的方法和访问结构成员的方法相同。把整数 20 存储到 data 的成员 i 中，可以使用如下语句实现。

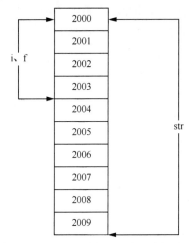

图 11-2　data 变量在内存中的存储情况

```
data.i=20;
```

在为成员 i 赋值后，可以使用如下语句继续为成员 f 赋值。

```
data.f=15.2;
```

注意，为成员 f 赋值后，之前为成员 i 赋的值就已经失效了。在图 11-2 中也可以清楚地看到，成员 i 和成员 f 占用的是相同的 4 个字节的存储空间。

也就是说，我们所定义的这个联合变量 data 要么存储 i，要么存储 f，而不可以同时存储二者。

联合的性质和结构的性质几乎一样：①可以以声明结构的标记和类型的方法来声明联合的标记和类型；②联合可以使用运算符 "=" 进行复制；③联合既可以传递给函数，也可以由函数返回。

联合的初始化方式也类似于结构的初始化方式。但是，在联合的初始化中，只有联合的第一个成员可以获得初始值。例如，可以用下面的方式初始化联合 data 的成员 i 为 0。

```
union{
    int i;
    float f;
    char str[10];
}data={0};
```

指定初始化式也可以用在联合中，指定初始化式允许我们对联合中的指定成员进行初始化。指定初始化也只能初始化一个成员，但不一定是第一个成员。例如，可以像下面这样初始化 data 的成员 f。

```
union{
```

```
    int i;
    float f;
    char str[10];
} data1={.f=12.3};
```

11.4.1 联合的应用

联合的第一个重要应用是作为节约空间的一种方法。假设要设计的结构包含学校人员的信息。学校人员包括教师和学生，每个人员的信息都包含年龄、姓名以及与人员类型相关的信息（学生包括学号和成绩，教师包括工号和授课编号）。

最初的设计可能会得到如下的结构。

```
struct person{
    int age;
    char name[NAME_LEN+1];
    int person_type;
    int stdudent_number;
    int grade;
    int teacher_number;
    int class_number;
};
```

成员 person_type 的值将是 student 或 teacher。

虽然上述结构十分简单、易用，但是它很浪费空间，因为对名单中的所有人员来说，只有结构中的部分信息是常用的。比如，如果人员是学生，那么不需要存储 teacher_number、class_number。我们可以在结构 person 内部放置一个联合，这样可以减少结构所要求的内存空间。联合的成员将是一些特殊的结构，每种结构都包含特定类型的人员的信息。

```
struct person{
    int age;
    char name[NAME_LEN+1];
    int person_type;
    union{
        struct{
            int student_number;
            int grade;
        }student;
        struct{
            int teacher_number;
            int class_number;
        }teacher;
    }per;
}c;
```

注意，联合 per 是结构 person 的成员，而结构 student 和 teacher 则是联合 per 的成员。如果 c 是表示学生的结构 person，那么可以用下列方法显示学生的学号。

```
printf("%d\n",c.per.student.student_number);
```

访问嵌套在结构内部的联合是很困难的：为了定位学生的学号，我们需要指明结构的名字（c）、结构的联合成员的名字（per）、联合的结构成员的名字（student）及此结构的成员名（student_number）。

联合的第二个重要应用是创建含有不同类型数据的数据结构。现在假设需要数组的元素是 int 型值和 double 型值的组合。因为数组的元素必须是相同类型的，所以好像不可能产生如此类型的数组。但是，利用联合可以实现这样的数组。首先，定义类型为 Number 的联合，它所包含的成员分别表示存储在数组中的不同数据类型。

```
typedef union{
    int i;
    float d;
}Number;
```

接着，创建一个数组，使数组的元素是 Number 类型的值。

```
Number num_array[20];
```

数组 num_array 的每个元素都是 Number 联合。Number 联合既可以存储 int 型的值，又可以存储 float 型的值，所以数组 num_array 中可以存储 int 型值和 float 型值的组合。

11.4.2 联合的标记字段

联合所面临的主要问题：联合的成员共享一个存储空间，修改其中某个成员的值会导致其他成员的值无效。因为不容易确定联合最后改变的成员是否为我们想要访问的那个成员，所以我们想要访问的成员的值可能是无意义的。

假设现在需要输出类型为 Number 的联合变量 n 中存储的值，实现这一功能的函数所对应的伪代码如下。

```
void print_number(Number n){
    if(n 包含一个整数)
        printf("%d",n.i);
    else
        printf("%f",n.f);
}
```

由于不知道 n 中现在存储的是整数还是浮点数，所以需要一个标记字段来记录目前联合中存储的数的类型，然后将联合嵌入结构中，通过标记字段判断联合中的值。

标记字段是用来提示当前存储在联合中的内容的。在前文讨论的结构 person 中，person_type 就用于此目的。

下面我们将联合嵌入结构中，用于标记 Number 中数字的类型。

```
#define INT_TYPE 0;
#define FLOAT_TYPE 1;
typedef struct {
    int type; /*标记字段*/
    union{
        int i;
        float f;
    }num;
}Number;
```

结构 Number 有两个成员 type 和 num，type 的值可能是 INT_TYPE 或 FLOAT_TYPE。

当给 u 的成员赋值时，需要同时改变 type 的值，从而指出修改了 u 的哪个成员。例如，如果 n 是 Number 类型的变量，那么对 u 的成员 i 进行赋值可以采用如下语句。

```
n.type=INT_TYPE; /* 提示修改的是整数 */
```

```
n.u.i=996;
```

当需要输出存储在联合中的数时，可以通过 type 判断联合的哪个成员是有效的，例如下面的函数 num_print 所示。

```
void num_print(Number num){
    if(num.type==INT_TYPE){
        printf("%d\n", num.u.i);
    }
     else{
        printf("%f\n",num.u.f);
    }
}
```

🔍 提示：读者可以通过慕课视频 15.4 补充学习 11.4 节的内容。

11.5 枚举

假设一个变量需要表示几种可能存在的值，它就可以被定义为枚举型变量。之所以叫枚举，就是说将变量或者对象可能存在的情况（可能的值）一一列举出来。C 语言为具有可能值较少的变量提供了一种专用类型。枚举型是一种值由程序员列出（枚举）的类型，而且程序员必须为每个值命名（枚举常量）。例如，一个铅笔盒中有一支笔，但在没有打开之前你并不知道它是什么笔，可能是铅笔也可能是钢笔。这里有两种可能，那么你就能够定义一个枚举型来表示它，下面的语句声明了枚举变量 box1。

```
enum{PENCIL,PEN} box1;
```

这个枚举变量内含有两个枚举元素——PENCIL 和 PEN，分别表示铅笔和钢笔。

对于枚举变量中的枚举元素，系统是依照常量来处理的，故叫枚举常量。它们是不能进行普通的算术赋值的，"PENCIL=1;"这种写法是错误的，但是在声明的时候能够进行赋值操作。枚举的声明和结构、联合的声明类似，上述的语句就是直接声明枚举变量的实例，本节将介绍使用枚举标记和 typedef 定义枚举的类型名来声明枚举 变量。

注意，与结构或联合的成员不同，枚举常量的名字必须不同于作用域范围内声明的其他标识符。

在系统内部，C 语言会把枚举变量和常量作为整数来处理。默认情况下，编译器会把整数 0、1、2、…赋给特定枚举中的常量。例如，在枚举变量 box1 的例子中，PENCIL、PEN 分别表示 0、1。

我们可以为枚举常量自由选择不同的值。现在假设希望 PENCIL、PEN 分别表示 3 和 4，我们可以在声明枚举时指明这些数。

```
enum Box {PENCIL=3,PEN=4};
```

枚举常量的值可以是任意整数，列出时也可以不按照特定的顺序，两个或多个枚举常量具有相同的值也是合法的。当没有为枚举常量指定值时，它的值比前一个常量的值大 1（第一个枚举常量的值默认为 0）。

🔍 提示：本节内容对应的视频教学材料为慕课视频 15.5。

11.5.1 定义枚举型

命名枚举型的原因与命名结构和联合的原因相同，我们常常需要创建枚举的名字。与结构和联合一样，可以用两种方式命名枚举：通过声明标记的方法，或者使用 typedef 来创建独一无二的类型名。

枚举标记类似于结构和联合的标记。例如，为了定义标记 Box，可以使用如下语句。

```
enum Box {PENCIL,PEN};
```

变量 box1 可以按照下列方法来声明。

```
enum Box box1;
```

我们也可以使用 typedef 来创建类型名，如下所示。

```
typedef enum{PENCIL,PEN} Box;
```

然后按照下列方法来声明。

```
Box s1,s2;
```

11.5.2 用枚举声明标记字段

用枚举来解决 11.4.2 小节的问题的效果更好，它避免了使用宏定义的方式，可以更方便地确定联合中最后一个被赋值的成员。

在结构 Number 中，可以把成员 type 声明为枚举而不是 int 型变量。

```
typedef struct {
    enum {INT_TYPE,FLOAT_TYPE}type; /* 标记字段 */
        union{
          int i;
          float d;
        }u;
}Number;
```

这种新结构的用法和 11.4.2 小节中所提的用法完全一样，而且代码的可读性更好，因为它在结构中直接阐明了 type 的含义及其可能的取值。

习题 11

1. 假设结构类型 DATE 的定义如下。

```
typedef truct {
    int year;
    int month;
    int day;
}DATE;
```

其成员变量均为整型变量，请完成下列两个函数。

```
int which_day(DATE d);                /* 返回的 d 表示一年中的第几天 */
int date_cmp(DATE day1, DATE day2); /* 如果 day1 在 day2 之前，则返回-1；如果 day1 在 day2
                                       之后，则返回 1；如果两者相等，则返回 0 */
```

2. 假设 data 是如下结构。

```
struct{
    double a;
    union{
        char b[4];
        double c;
        int d;
    }e;
    char f[4];
}data;
```

如果 char 型占 1 个字节，int 型占 4 个字节，double 型占 8 个字节，那么结构变量 data 将占几个字节（不考虑成员之间是否有内存间隙）？

3. 假设 data 是如下联合。

```
union{
    double a;
    struct{
        char b[4];
        double c;
        int d;
    }e;
    char [4];
}data;
```

如果 char 型占 1 个字节，int 型占 4 个字节，double 型占 8 个字节，那么联合变量 data 将占几个字节（不考虑成员之间是否有内存间隙）？

4. 结构和联合是 C 语言处理计算机图形相关问题的有力工具。本题中我们定义以下两个结构来处理圆形和矩形。

```
#define RECTANGLE 0
#define CIRCLE 1
struct point { float x; float y };
typedef struct{
    int shape_type;
    struct point center;
    union {
        struct {
            float length, width;
        } rectangle;
        struct {
            float radius;
        } circle;
    } u;
} SHAPE;
SHAPE s;
```

如果 shape_type 的值为 RECTANGLE，那么 length 和 width 成员分别存储矩形的长和宽；如果 shape_type 的值为 CIRCLE，那么 radius 成员存储圆形的半径。请判断下列语句的语法正确性，若不正确，则修改之。

（1）s.shape_type = CIRCLE;

（2）s.center.x = 8.9;

（3）s.u.rectangle.width = 24;

（4）s.u.radius = 3.27;

5. 假设 s 是按照第 4 题中的结构类型声明的变量，请分别编写 3 个函数实现如下功能（将 s 作为形式参数）。

（1）double area（SHAPE s），其功能是计算 s 的面积。

（2）void move_step（SHAPE *s, float a, float b），其功能是将 s 沿着水平方向移动长度 a，沿着垂直方向移动长度 b。注意修改 s 中的相关信息。

（3）void scale(SHAPE *s, float m)，其功能是把 s 缩放 m 倍；若 s 是矩形，则将其长度和宽度均缩放 m 倍；若 s 是圆形，则将其半径缩放 m 倍。注意修改 s 中的相关信息。

6. 判断以下说法正确与否。

（1）枚举常量可以表示任何整数。

（2）枚举常量具有的性质和用#define 创建的常量的性质完全一样。

（3）枚举常量的默认值为 0、−1、−2、…。

（4）枚举中的常量的值可以相同。

（5）枚举变量本质上是整数，因此可以将其用于需要整数的表达式中。

7. 假设 b 和 i 以如下形式声明。

```
enum{FALSE,TRUE} b;
int i;
```

请判断下列哪些语句是合法的？如果合法，其执行结果是否有意义？

（1）b = TRUE;

（2）b =（float）i;

（3）b ++;

（4）i= b;

（5）i = 3 * b -4;

8. 假设在一个游戏的代码中需要对游戏角色的行进方向进行处理，声明一个枚举变量 direction 如下。

```
enum {NORTH, SOUTH, EAST, WEST} direction;
```

设 x 和 y 为 int 类型的变量，请编写程序以测试 direction 的值。如果值为 EAST，则 x 加 1；如果值为 WEST，则 x 减 1；如果值为 SOUTH，则 y 加 1；如果值为 NORTH，则 y 减 1（提示：使用 switch 语句最便捷）。

9. 试写出下列声明中枚举常量的整数值。

（1）enum {BLACK, WHITE, GREEN, RED};

（2）enum {TAG1 = 18, TAG2, TAG3};

（3）enum {URG = -1, PUSH, ACK, SYN = 16, FIN};

（4）enum {IRQ = 6, BBS, URL, ESP = 37, AH, HTTP};

10. 假设用下面的结构编写一个食物程序：

```
struct food{
    char name[15];
    int portion_weight;
    int calories;
};
```

该结构的标记是什么？怎么声明该类型的一个数组 meal[10]？假设 100g 的苹果约含有 200J 热量，如何给 meal[0] 的 3 个成员赋值以表示这样的一个苹果？

本章将开发一个综合性的程序设计项目。本项目要求用链表实现一个超市商品管理系统，主要涉及的操作包括链表的创建、查找、删除等。此外，本项目还涉及一些基础操作，如文件的读写、内存空间的分配与释放等。

需要说明的是，本章的重点是 C 语言的综合运用，而软件项目开发的完整活动包括可行性分析、需求分析、系统设计、编码实现等，这些内容已超出本书的范畴，感兴趣的读者可以参考软件工程的相关图书加以了解。

12.1 文件及链表操作

12.1.1 fopen 函数

fopen 函数实现的功能是打开文件，并返回指向该文件的指针，函数原型如下。

```
fopen(const char *filename,const char *mode)
```

参数说明如下。

filename：待打开的文件名字符串。

mode：打开文件的模式，主要有表 12-1 所示的几种模式。

表 12-1　打开文件的模式

模式	描述
r	以只读模式打开文件，文件必须存在
w	以写模式创建一个文件，如果该文件已经存在，则将文件里的内容清除，写入新的内容
a	打开一个文件，以追加的形式将新内容添加到已有文件的后面，若该文件不存在，则创建新的文件
r+	以读和写的模式打开一个文件，该文件必须存在
w+	以读和写的方式创建一个空文件
a+	以读和追加的模式打开一个文件，若该文件不存在，则创建新的文件

成功打开文件后，将返回一个指向该文件的指针；若文件打开或创建失败，则返回一个空指针。

12.1.2 feof 函数

feof 函数用来检查给定文件的结尾，函数原型如下。

```
int feof(FILE *stream)
```

参数说明如下。

stream：指向文件的指针。

如果读取到文件的末尾，feof 函数将返回一个非 0 值；否则返回 0 值。

下面的例子说明了该函数的用法。

```c
#include<stdio.h>
int main(){
    FILE *fp;
    int c;
    fp=fopen("D:\\testfile\\GoodsInfo.txt","r");
    if(fp==NULL){
        printf("Error in opening file");
        return(-1);
    }
    while(1){
        c=fgetc(fp);
        if(feof(fp)){
            break;}
        printf("%c",c);
    }
    fclose(fp);
    return 0;
}
```

注意，fopen 函数内所表示的路径为绝对路径。在表示路径时需要用两个"\"，其中一个"\"为转义字符，另一个"\"用来表示路径。文件名和路径名中允许有空格。该例中的绝对路径读者可以根据自己文件的存储位置进行更改。

12.1.3 fscanf 函数

fscanf 函数实现的功能是从流中读取格式化的输入数据，函数原型如下。

```c
int fscanf(FILE *stream,const char *format,…)
```

参数说明如下。

stream：指向文件的指针。

format：格式化的输入数据。

下面提供一个例子来说明该函数的用法。

先在 test.txt 中写入三个单词和一个整数，例如写入"This is number 123"，然后保存，接着调用下面的程序，读者将会看到控制台依次读出了所写入的内容。调用该函数时请注意核实/修改绝对路径。

```c
#include<stdio.h>
int main(){
    char str1[10],str2[10],str3[10];
    int year;
    FILE *fp;
    fp=fopen("C:\\Users\\Teacher\\Desktop\\GoodsInfo.txt","r");
    fscanf(fp,"%s %s %s %d", str1, str2, str3, &year);
    printf("String1: %s\n",str1);
    printf("String2: %s\n",str2);
    printf("String3: %s\n",str3);
    printf("Integer: %d\n",year);
    fclose(fp);
```

```
    return(0);
}
```

12.1.4　fprintf 函数

fprintf 函数实现的是文件的写入功能，将数据写入文件中。函数原型如下。

```
int fprintf(FILE *stream,const char *format,…)
```

该函数的参数与 fscnaf 函数的相同，在此不做赘述。

下面通过具体的例子来说明该函数的用法。运行下面的代码后，依路径找到所定义的文件，打开它，我们会发现里面已经写入"we are in 2019"。

```
#include<stdio.h>
int main(){
    FILE *fp;
    fp=fopen("/Users/raphael/desktop/c_algorithms/GoodsSystem/test.txt","w");
    if(fp==NULL){
        printf("Error in opening file");
        return(-1);
    }
    fprintf(fp,"%s %s %s %d","we","are","in",2019);
    fclose(fp);
    return(0);
}
```

12.1.5　malloc 函数

malloc 函数实现的功能是在内存中为变量分配所需的空间，函数原型如下。

```
void *malloc(size_t size)
```

参数说明如下。

size：变量在内存中所占的字节数。

在创建链表结点的时候，需要为该结点分配空间，如下所示。

```
struct Node *n=(struct Node *)malloc(sizeof(struct Node));
```

其中，Node 是结点结构。

12.1.6　free 函数

free 函数实现的功能是释放通过 malloc、calloc、realloc 函数申请的内存空间，其原型如下。

```
void free(void *ptr)
```

有的变量，需要临时为其申请空间，使用过变量后，需要手动调用 free 函数将其在内存中所占的空间释放。示例如下。

```
struct Node *n=(struct Node *)malloc(sizeof(struct Node));
free(n);
```

12.1.7　链表的操作

链表的相关操作主要包括创建链表、结点插入、结点删除。其中，结点插入主要有 3 种方法：头部插入、尾部插入和中间插入。创建链表可以通过头部插入法和尾部插入法来完成。假设结点的结构名称为 Node，链表的头结点指针是 head，下面的代码展示了创建链表和结点插入的具体方法。

```
/* 头部插入法 */
struct Node *p=(struct Node *)malloc(sizeof(struct Node));
p->next=head;
head=p;
/* 尾部插入法 */
struct Node *p=(struct Node *)malloc(sizeof(struct Node));
struct Node *tmp=head;
while(tmp->next)
    tmp=tmp->next;
tmp->next=p;
p->next=NULL;
/* 在中间第 i 个位置插入 */
struct Node *p=(struct Node *)malloc(sizeof(struct Node));
struct Node *tmp=head;
for(int k=0;k<i;k++){
    tmp=tmp->next;
p->next=tmp->next;
tmp->next=p;
}
```

删除一个结点时，可通过找到该结点所在位置，将其从链表中去除。假设指针 tmp 指向待删除的结点，指针 p 指向该结点的前一个结点，则删除操作的代码如下。

```
struct Node *p=(struct Node)malloc(sizeof(struct Node));
struct Node *tmp;
    tmp=p->next;
p->next=tmp->next;
free(tmp);
```

12.2 实验

12.2.1 实验目的和要求

本实验要求掌握单链表的定义和使用方法、单链表的建立方法、链表中结点的查找与删除方法、链表结点的输出方法、链表结点的排序方法、用 C 语言创建菜单的方法、结构的定义和使用方法。

12.2.2 实验内容

用 C 语言和链表数据结构实现一个小型的超市商品管理系统，该系统需要具有商品信息插入、商品信息修改、商品信息删除、商品信息查找、商品信息显示等功能。具体实现步骤如下（注：图 12-1 为建议显示的内容和格式，读者可自行增加显示的内容）。

（1）软件界面：实现一个数字选项式的启动界面，其中至少包含显示所有商品信息、插入商品信息、修改商品信息、删除商品信息、查找商品信息、商品按价格排序、退出系统并保存 7 个选项，并且相应功能可以循环调用。

（2）商品信息的初始化：定义链表并初始化。实现从已有的商品信息文件中读取商品信息，并且为其分配内存，将其保存至链表中。当首次运行系统的时候，在显示图 12-1 所示界面之前，需要进行该初始化步骤，同时显示以下提示信息：商品的链表文件已建立，

有 *n* 个商品记录。其中 *n* 是文件中已有的商品数量。

```
                    超市商品管理系统
        ==========================================
                1. 显示所有商品的信息
                2. 修改某个商品的信息
                3. 插入某个商品的信息
                4. 删除某个商品的信息
                5. 查找某个商品的信息
                6. 商品存盘并退出
                7. 对商品价格进行排序
                8. （慎用）删除所有商品
        ==========================================
```

图 12-1　商品管理系统界面

（3）插入商品信息：编写一个函数，实现单个商品信息的插入功能，接收用户输入的各项商品信息，然后将其保存至链表结点。同时实现根据用户输入，将该结点插入链表的头部、尾部或中间的第 i 个位置。插入某个商品信息的参考界面如图 12-2 所示。

```
输入您的选择：3
输入想要插入的商品信息
商品 ID：1024
商品名称：Nokia
商品价格：2400
商品折扣：0.8
商品数量：200
剩余数量：70
输入数字表明您想插入的商品位置：0：链表的头部；1：链表的尾部；i：链表中间的第 i 个位置。
```

图 12-2　插入某个商品信息

（4）修改商品信息：编写一个函数，实现商品信息的修改功能，可以根据商品的 ID 修改商品信息，并且用字符串比较的方式查找待修改的商品信息。修改商品信息的参考界面如图 12-3 所示。

```
输入您的选择：2
输入需要修改的商品 ID（−1 退出查找）：1024
=================================================
ID:1024    名称:Nokia    价格:2400    折扣:0.8    数量:200    剩余:70
=================================================
输入新的商品信息
商品 ID：1024
商品名称：Nokia
商品价格：2800
商品折扣：0.75
商品数量：200
剩余数量：65
修改商品信息成功！修改后的商品信息为：
=================================================
ID:1024    名称:Nokia    价格:2800    折扣:0.75    数量:200    剩余:65
=================================================
```

图 12-3　修改商品信息

（5）删除商品信息：编写一个函数，实现根据商品的 ID 删除对应的商品信息的功能，通过字符串比较的方式查找商品，查找成功后释放对应指针指向的内存区域，完成删除商品信息。删除商品信息的参考界面如图 12-4 所示。

```
输入您的选择：4
输入需要删除的商品 ID（-1 退出查找）：1024
============================================================================
ID:1024        名称:Nokia      价格:2800      折扣:0.75      数量:200      剩余:65
============================================================================
是否删除该商品（Y/N）：
Y
删除 ID 为 1024 的商品成功，当前剩余商品 1 个
```

图 12-4　删除商品信息

（6）查找商品信息：编写一个函数，根据输入的商品 ID 查找对应的商品信息，商品名称的判断使用字符串比较的方式实现，然后格式化输出查找到的商品信息。查找商品信息的参考界面如图 12-5 所示。

```
输入您的选择：5
输入需要查找的商品名称（-1 退出查找）：1024
============================================================================
ID:1024        名称:Nokia      价格:2800      折扣:0.75      数量:200      剩余:65
============================================================================
```

图 12-5　查找商品信息

（7）显示所有商品信息：编写一个函数，该函数的功能是将链表中所有的商品信息以格式化方式输出到屏幕上。输出所有商品信息的参考界面如图 12-6 所示。

```
输入您的选择：1
当前有 3 个商品
============================================================================
ID:1024        名称:Nokia          价格:2800      折扣:0.75    数量:200      剩余:65
============================================================================

============================================================================
ID:1025        名称:Google Pixel   价格:3500      折扣:1.0     数量:130      剩余:42
============================================================================

============================================================================
ID:1026        名称:BlackBerry     价格:2600      折扣:0.9     数量:240      剩余:102
============================================================================
```

图 12-6　输出所有商品信息

（8）将商品按价格排序：编写一个函数，根据链表中的商品价格，对商品从低到高进行排序，排序算法采用冒泡排序实现，最后将排序后的链表输出至屏幕。对应的参考界面如图 12-7 所示。

```
输入您的选择：7
当前链表中有 3 个商品
按照价格从低到高排序后的结果如下：
============================================================================
ID:1026        名称:BlackBerry     价格:2600      折扣:0.9    数量:240      剩余:102
============================================================================

============================================================================
ID:1024        名称:Nokia          价格:2800      折扣:0.75   数量:200      剩余:65
============================================================================

============================================================================
ID:1025        名称:Google Pixel   价格:3500      折扣:1.0    数量:130      剩余:42
============================================================================
```

图 12-7　按照商品价格排序并输出所有商品信息

（9）退出系统并保存：编写一个文件写入函数，将所有的商品信息的改动写入商品信息文件，输入 0 则退出系统，同时清理系统运行过程中已分配的内存。

12.2.3 实验步骤

（1）定义商品结构，里面存储某种商品的所有信息，并且定义结点和链表结构用来组织在商品信息库中的所有商品信息。其中，MAX_ID 和 MAX_NAME 是预处理宏定义，表示 ID 最大长度和商品名称最大长度。

```
typedef struct{
    char id[MAX_ID];
    char name[MAX_NAME];
    int price;
    double discount;
    int amount;
    int remain;
    }Goods;

typedef struct node{
    Goods goods;
    struct node *next;
}Node;

typedef struct{
    Node *head;
    int current_num;
}Linkedlist;
```

（2）定义并实现一个函数 void init(Linkedlist *h)，*h 是指向链表头结点的指针。该函数初始化一个链表，然后从一个.txt 文件中读入商品信息并使用相应的商品信息初始化商品信息库，即初始化链表。在读入数据的时候，每读到一条商品信息就实时地动态分配内存，把信息存放到分配的结点指向的内存单元中，然后把结点通过头部插入法插入商品信息链表中。

```
void info_init(Linkedlist *h){
    FILE *fp;
    if((fp=fopen("GoodsInfo.txt","r"))==NULL){
        if((fp=fopen("GoodsInfo.txt","w"))==NULL)
            printf("create goods information file failed!\n");
    }
    else{
        Goods goods;
        Node *node;
        h->head=NULL;
        h->current_num=0;
        while(!feof(fp)){
            fscanf(fp,"%s",goods.id);
            fscanf(fp,"\t%s",goods.name);
            fscanf(fp,"\t%d",&goods.price);
            fscanf(fp,"\t%lf",&goods.discount);
            fscanf(fp,"\t%d",&goods.amount);
            fscanf(fp,"\t%d\n",&goods.remain);
            node=(Node *)malloc(sizeof(Node));
            node->goods=goods;
            node->next=h->head;
```

```
            h->head=node;
            h->current_num+=1;
        }
    }
    fclose(fp);
    printf("building goods information linkedlist finished!\ntotal goods num:%d\n",h->
current_num);
    }
```

（3）定义并实现函数 void flush(Linkedlist *h)，*h 是指向链表头结点的指针。该函数实现将系统运行期间改动过的商品信息写入商品信息文件中，然后进行商品信息链表的销毁操作。

```
void flush(Linkedlist *h){
    FILE *fp;
    Node *p=h->head;
    int count=0;
    if((fp=fopen("/Users/raphael/desktop/c_algorithms/GoodsSystem/GoodsInfo.txt",
            "w"))==NULL){
        printf("failed to open file\n");
        return;
    }
    while(p){
        fprintf(fp,"%s\t",p->goods.id);
        fprintf(fp,"%s\t",p->goods.name);
        fprintf(fp,"%d\t",p->goods.price);
        fprintf(fp,"%lf\t",p->goods.discount);
        fprintf(fp,"%d\t",p->goods.amount);
        fprintf(fp,"%d\n",p->goods.remain);
        p=p->next;
        count++;
    }
    fclose(fp);
    destroy(h);
    if(count >0)
        printf("write %d goods information into the file\n",count);
    else
        printf("no data to write\n");
}
```

（4）实现一个函数 void print_goods(Linkedlist *h)，*h 是指向链表头结点的指针，以格式化的方式实现将商品信息库中的所有商品信息输出到标准输出屏幕上。

```
void print_goods(Linkedlist *h){
    if(h->current_num<=0)
        printf("the linkedlist is empty!\n");
    Node * p=h->head;
    while(p){
        printf("ID:%s\t",p->goods.id);
        printf("名称:%s\t",p->goods.name);
        printf("价格:%d\t",p->goods.price);
        printf("折扣:%lf\t",p->goods.discount);
        printf("数量:%d\t",p->goods.amount);
        printf("剩余:%d\n",p->goods.remain);
        p=p->next;}
    }
```

　　　　程序设计项目实践 / 第12章

（5）定义并实现函数 void print_one(Node *p)，*p 是指向链表中某一结点的指针，格式化输出该指针指向的结点的商品信息。

```
void print_one(Node *p){
    printf("============================================================\n");
    printf("ID:%s\t",p->goods.id);
    printf("名称:%s\t",p->goods.name);
    printf("价格:%d\t",p->goods.price);
    printf("折扣:%lf\t",p->goods.discount);
    printf("数量:%d\t",p->goods.amount);
    printf("剩余:%d\n",p->goods.remain);
    printf("============================================================\n");
}
```

（6）定义并实现函数 void update(Linkedlist *h)，*h 是指向链表头结点的指针。该函数实现商品信息的修改功能，要求其能够根据用户输入的需要修改的某个商品的 ID，对此 ID 进行查找。若查找成功，则继续输入要修改的商品信息，并且提示修改成功；若查找失败，则提示对应的商品未找到。

```
void update(Linkedlist *h){
    printf("input the goods ID to be updated(-1:quit):\n");
    char id[MAX_ID];
    scanf("%s",id);
    if(!strcmp(id,"-1"))
        return;
    Node *p=h->head;
    while(p!=NULL &&(strcmp(p->goods.id,id)))
        p=p->next;
    if(p==NULL)
        printf("the goods not exist\n");
    else{
        printf("input new goods information\n");
        printf("input id:\n");
        scanf("%s",p->goods.id);
        printf("input name:\n");
        scanf("%s",p->goods.name);
        printf("input price:\n");
        scanf("%d",&p->goods.price);
        printf("input discount:\n");
        scanf("%lf",&p->goods.discount);
        printf("input amount:\n");
        scanf("%d",&p->goods.amount);
        printf("input remain:\n");
        scanf("%d",&p->goods.remain);
        printf("update the goods successfuly\n");
        print_one(p);
    }
}
```

（7）定义并实现函数 void delete(Linkedlist *h)，*h 是指向链表头结点的指针。该函数完成删除商品信息库中的某条商品信息的功能，通过输入的某个商品的 ID，删除对应的商品信息。若在商品信息库成功找到该商品信息，则删除该商品信息，释放该指针所指向的结点的内存空间，并把该指针赋值为 NULL，同时完成链表的前后重新衔接，提示删除成功；如果查找失败则提示没有找到该商品信息。

```c
void delete(Linkedlist *h){
    if(h->current_num<=0){
        printf("the goods information linkedlist is empty!\n");
        return;
    }
    printf("input the goods ID to be deleted(-1:quit):\n");
    char id[MAX_ID];
    scanf("%s",id);
    if(!strcmp(id,"-1"))
        return;
    Node *p=h->head;
    if(!strcmp(p->goods.id,id)){
        h->head=p->next;
        free(p);
        return;
    }
    while(p->next!=NULL && (strcmp(p->next->goods.id,id)))
        p=p->next;
    if(p->next==NULL)
        printf("the goods not exist\n");
    else{
        print_one(p->next);
        printf("delete the goods ?(Y/N)\n");
        char answer;
        scanf("%c",&answer);
        if(answer=='Y'||answer=='y'){
            Node *tmp;
            tmp=p->next;
            p->next=tmp->next;
            free(tmp);
            h->current_num-=1;
        }
        else
            return;
    }
}
```

（8）定义并实现函数 void search(Linkedlist *h)，*h 是指向链表头结点的指针。该函数实现商品信息的查找功能，通过输入的某个商品的 ID 来检索商品信息库。若查找成功则显示该商品的详细信息；若查找失败则提示没有该商品。

```c
void search(Linkedlist *h){
    printf("input the goods ID you are searching(-1:quit):\n");
    char id[MAX_ID];
    scanf("%s",id);
    if(!strcmp(id,"-1"))
        return;
    Node *p=h->head;
    while(p!=NULL && (strcmp(p->goods.id,id)))
        p=p->next;
    if(p==NULL)
        printf("the goods not exist\n");
    else{
```

```
            print_one(p);
        }
    }
```

（9）定义并实现函数 void add(Linkedlist *h), *h 是指向链表头结点的指针。该函数实现商品信息的插入功能，在插入时动态地分配内存来存储插入的商品信息，然后把指向该内存的指针插入链表中。插入链表时需要选择是在链表头部插入还是在链表尾部插入，或者在链表中间的某个结点处插入。在新增商品之前，必须考虑整个商品信息库的容量，如果商品数量超过规定的上限，则需要给用户提示。其中，MAX_GOODS 是预处理宏定义，表示商品信息库中存储的最大商品数量。

```
void add(Linkedlist *h){
    if(h->current_num>=MAX_GOODS){
        printf("the goods information linkedlist is full,please delete some goods
first\n");
        return;
    }
    Node *p=(Node *)malloc(sizeof(Node)),*tmp;
    Goods goods;
    printf("the goods information is below\n");
    printf("input id:\n");
    scanf("%s",goods.id);
    printf("input name:\n");
    scanf("%s",goods.name);
    printf("input price:\n");
    scanf("%d",&goods.price);
    printf("input discount:\n");
    scanf("%lf",&goods.discount);
    printf("input amount:\n");
    scanf("%d",&goods.amount);
    printf("input remain:\n");
    scanf("%d",&goods.remain);
    p->goods=goods;
    printf("please input the number which indicate the location you'd like to insert.\n\
        0:the head;1:the tail;i :the i-th place\n");
    int index;
    scanf("%d",&index);
    switch(index){
        case 0:
            p->next=h->head;
            h->head=p;
            h->current_num+=1;
            break;
        case 1:
            tmp=h->head;
            while(tmp->next)
                tmp=tmp->next;
            tmp->next=p;
            p->next=NULL;
            h->current_num+=1;
            break;
        default:
            if(index<=MAX_GOODS){
                tmp=h->head;
```

```
        for(int i=0;i<index;i++)
            tmp=tmp->next;
        p->next=tmp->next;
        tmp->next=p;
        h->current_num+=1;
    }
    else
        printf("the index out of goods index\n");
    break;
    }
    printf("insert successfully\n");
}
```

（10）定义并实现函数 void bubble_sort(Linkedlist *h)，*h 是指向链表头结点的指针。该函数实现将链表中的商品按照商品价格从低到高的顺序排序。

```
void bubble_sort(Linkedlist *h){
    Node *q;
    Goods goods;
    for(int i=0;i<h->current_num;i++){
        q=h->head;
        for(int j=0;j<h->current_num-i-1;j++,q=q->next){
            if(q->goods.price>q->next->goods.price){
                goods=q->goods;
                q->goods=q->next->goods;
                q->next->goods=goods;
            }
        }
    }
    print_goods(h);
}
```

（11）实现程序的入口函数 main，然后通过一个控制表达式为 true 的 while 语句完成以上函数的循环调用，直至正常退出程序。

（12）编译、调试程序，直至程序达到实验的要求。

附录

ASCII 字符集

二进制数	八进制数	十进制数	十六进制数	缩写/字符	解释
0000 0000	00	0	0x00	NUL（null）	空白字符
0000 0001	01	1	0x01	SOH（start of headline）	标题开始
0000 0010	02	2	0x02	STX（start of text）	正文开始
0000 0011	03	3	0x03	ETX（end of text）	正文结束
0000 0100	04	4	0x04	EOT（end of transmission）	传输结束
0000 0101	05	5	0x05	ENQ（enquiry）	请求
0000 0110	06	6	0x06	ACK（acknowledge）	收到通知
0000 0111	07	7	0x07	BEL（bell）	响铃符
0000 1000	010	8	0x08	BS（backspace）	回退符
0000 1001	011	9	0x09	HT（horizontal tab）	水平制表符
0000 1010	012	10	0x0A	LF（NL line feed, new line）	换行符
0000 1011	013	11	0x0B	VT（vertical tab）	垂直制表符
0000 1100	014	12	0x0C	FF（NP form feed, new page）	换页符
0000 1101	015	13	0x0D	CR（carriage return）	回车符
0000 1110	016	14	0x0E	SO（shift out）	不用切换
0000 1111	017	15	0x0F	SI（shift in）	启用切换
0001 0000	020	16	0x10	DLE（data link escape）	数据链路转义
0001 0001	021	17	0x11	DC1（device control 1）	设备控制 1
0001 0010	022	18	0x12	DC2（device control 2）	设备控制 2
0001 0011	023	19	0x13	DC3（device control 3）	设备控制 3
0001 0100	024	20	0x14	DC4（device control 4）	设备控制 4
0001 0101	025	21	0x15	NAK（negative acknowledge）	拒绝接收
0001 0110	026	22	0x16	SYN（synchronous idle）	同步空闲
0001 0111	027	23	0x17	ETB（end of trans. block）	结束传输块
0001 1000	030	24	0x18	CAN（cancel）	取消
0001 1001	031	25	0x19	EM（end of medium）	媒介结束
0001 1010	032	26	0x1A	SUB（substitute）	代替
0001 1011	033	27	0x1B	ESC（escape）	溢出
0001 1100	034	28	0x1C	FS（file separator）	文件分隔符
0001 1101	035	29	0x1D	GS（group separator）	组分隔符

二进制数	八进制数	十进制数	十六进制数	缩写/字符	解释
0001 1110	036	30	0x1E	RS（record separator）	记录分隔符
0001 1111	037	31	0x1F	US（unit separator）	单元分隔符
0010 0000	040	32	0x20	（space）	空格
0010 0001	041	33	0x21	!	叹号
0010 0010	042	34	0x22	"	双引号
0010 0011	043	35	0x23	#	字符#
0010 0100	044	36	0x24	$	字符$
0010 0101	045	37	0x25	%	字符%
0010 0110	046	38	0x26	&	字符&
0010 0111	047	39	0x27	'	闭单引号
0010 1000	050	40	0x28	(	左圆括号
0010 1001	051	41	0x29	)	右圆括号
0010 1010	052	42	0x2A	*	星号
0010 1011	053	43	0x2B	+	加号
0010 1100	054	44	0x2C	,	逗号
0010 1101	055	45	0x2D	−	减号/
0010 1110	056	46	0x2E	.	句号
0010 1111	057	47	0x2F	/	斜杠
0011 0000	060	48	0x30	0	字符 0
0011 0001	061	49	0x31	1	字符 1
0011 0010	062	50	0x32	2	字符 2
0011 0011	063	51	0x33	3	字符 3
0011 0100	064	52	0x34	4	字符 4
0011 0101	065	53	0x35	5	字符 5
0011 0110	066	54	0x36	6	字符 6
0011 0111	067	55	0x37	7	字符 7
0011 1000	070	56	0x38	8	字符 8
0011 1001	071	57	0x39	9	字符 9
0011 1010	072	58	0x3A	:	冒号
0011 1011	073	59	0x3B	;	分号
0011 1100	074	60	0x3C	<	小于
0011 1101	075	61	0x3D	=	等号
0011 1110	076	62	0x3E	>	大于
0011 1111	077	63	0x3F	?	问号
0100 0000	0100	64	0x40	@	电子邮件符号
0100 0001	0101	65	0x41	A	大写字母 A
0100 0010	0102	66	0x42	B	大写字母 B
0100 0011	0103	67	0x43	C	大写字母 C
0100 0100	0104	68	0x44	D	大写字母 D

二进制数	八进制数	十进制数	十六进制数	缩写/字符	解释
0100 0101	0105	69	0x45	E	大写字母 E
0100 0110	0106	70	0x46	F	大写字母 F
0100 0111	0107	71	0x47	G	大写字母 G
0100 1000	0110	72	0x48	H	大写字母 H
0100 1001	0111	73	0x49	I	大写字母 I
0100 1010	0112	74	0x4A	J	大写字母 J
0100 1011	0113	75	0x4B	K	大写字母 K
0100 1100	0114	76	0x4C	L	大写字母 L
0100 1101	0115	77	0x4D	M	大写字母 M
0100 1110	0116	78	0x4E	N	大写字母 N
0100 1111	0117	79	0x4F	O	大写字母 O
0101 0000	0120	80	0x50	P	大写字母 P
0101 0001	0121	81	0x51	Q	大写字母 Q
0101 0010	0122	82	0x52	R	大写字母 R
0101 0011	0123	83	0x53	S	大写字母 S
0101 0100	0124	84	0x54	T	大写字母 T
0101 0101	0125	85	0x55	U	大写字母 U
0101 0110	0126	86	0x56	V	大写字母 V
0101 0111	0127	87	0x57	W	大写字母 W
0101 1000	0130	88	0x58	X	大写字母 X
0101 1001	0131	89	0x59	Y	大写字母 Y
0101 1010	0132	90	0x5A	Z	大写字母 Z
0101 1011	0133	91	0x5B	[	左方括号
0101 1100	0134	92	0x5C	\	反斜杠
0101 1101	0135	93	0x5D	]	右方括号
0101 1110	0136	94	0x5E	^	脱字符
0101 1111	0137	95	0x5F	_	下画线
0110 0000	0140	96	0x60	`	开单引号
0110 0001	0141	97	0x61	a	小写字母 a
0110 0010	0142	98	0x62	b	小写字母 b
0110 0011	0143	99	0x63	c	小写字母 c
0110 0100	0144	100	0x64	d	小写字母 d
0110 0101	0145	101	0x65	e	小写字母 e
0110 0110	0146	102	0x66	f	小写字母 f
0110 0111	0147	103	0x67	g	小写字母 g
0110 1000	0150	104	0x68	h	小写字母 h
0110 1001	0151	105	0x69	i	小写字母 i
0110 1010	0152	106	0x6A	j	小写字母 j
0110 1011	0153	107	0x6B	k	小写字母 k

二进制数	八进制数	十进制数	十六进制数	缩写/字符	解释
0110 1100	0154	108	0x6C	l	小写字母 l
0110 1101	0155	109	0x6D	m	小写字母 m
0110 1110	0156	110	0x6E	n	小写字母 n
0110 1111	0157	111	0x6F	o	小写字母 o
0111 0000	0160	112	0x70	p	小写字母 p
0111 0001	0161	113	0x71	q	小写字母 q
0111 0010	0162	114	0x72	r	小写字母 r
0111 0011	0163	115	0x73	s	小写字母 s
0111 0100	0164	116	0x74	t	小写字母 t
0111 0101	0165	117	0x75	u	小写字母 u
0111 0110	0166	118	0x76	v	小写字母 v
0111 0111	0167	119	0x77	w	小写字母 w
0111 1000	0170	120	0x78	x	小写字母 x
0111 1001	0171	121	0x79	y	小写字母 y
0111 1010	0172	122	0x7A	z	小写字母 z
0111 1011	0173	123	0x7B	{	左花括号
0111 1100	0174	124	0x7C	|	竖线
0111 1101	0175	125	0x7D	}	右花括号
0111 1110	0176	126	0x7E	～	字符～
0111 1111	0177	127	0x7F	DEL（delete）	删除

参考文献

[1] 贝赫鲁兹·佛罗赞. 计算机科学导论[M]. 吕云翔，杨洪洋，曾洪立，译. 北京：机械工业出版社，2020.

[2] 兰德尔·E.布莱恩特，大卫·R.奥哈拉伦. 深入理解计算机系统[M]. 龚奕利，贺莲，译. 北京：机械工业出版社，2016.

[3] J.斯坦利·沃法德. 计算机系统——核心概念及软硬件实现[M]. 龚奕利，贺莲，译. 北京：机械工业出版社，2019.

[4] E.S.罗伯茨. C 语言的科学和艺术[M]. 翁惠玉，张冬茉，译. 北京：机械工业出版社，2011.

[5] K.N.金. C 语言程序设计——现代方法[M]. 吕秀锋，黄倩，译. 北京：人民邮电出版社，2015.

[6] E.S.罗伯茨. C 程序设计的抽象思维[M]. 闪四清，译. 北京：机械工业出版社，2012.

[7] 马克·艾伦·维斯. 数据结构与算法分析——C 语言描述[M]. 北京：机械工业出版社，2014.

[8] 邹欣. 构建之法[M]. 北京：人民邮电出版社，2014.

[9] 谭浩强. C 程序设计[M]. 5 版. 北京：清华大学出版社，2017.

[10] I.霍尔顿. C 语言入门经典[M]. 5 版. 杨浩，译. 北京：清华大学出版社，2017.

[11] 克洛维斯·L.汤多，斯科特·E.吉姆佩尔. C 程序设计语言习题解答[M]. 2 版. 北京：机械工业出版社，2019.

[12] 史蒂芬·普拉达. C Primer Plus[M]. 6 版. 张海龙，袁国忠，译. 北京：人民邮电出版社，2020.